徐文跃——著

中华

冠带

古代服饰的域外影响

中华书局

图书在版编目(CIP)数据

冠带中华:古代服饰的域外影响/徐文跃著. —北京:中华书局,2024.5
ISBN 978-7-101-16642-2

Ⅰ.冠… Ⅱ.徐… Ⅲ.服饰文化-研究-中国-古代
Ⅳ.TS941.742.2

中国国家版本馆 CIP 数据核字(2024)第 105975 号

书　　名	冠带中华:古代服饰的域外影响	
著　　者	徐文跃	
责任编辑	朱　玲	
封面设计	王铭基	
责任印制	陈丽娜	
出版发行	中华书局	
	(北京市丰台区太平桥西里 38 号　100073)	
	http://www.zhbc.com.cn	
	E-mail:zhbc@zhbc.com.cn	
印　　刷	天津裕同印刷有限公司	
版　　次	2024 年 5 月第 1 版	
	2024 年 5 月第 1 次印刷	
规　　格	开本/920×1250 毫米　1/32	
	印张 7⅛　字数 150 千字	
印　　数	1-6000 册	
国际书号	ISBN 978-7-101-16642-2	
定　　价	98.00 元	

目　录

序　言

　　服饰自人类社会产生之日起，就具有遮身蔽体、防寒保暖的功能。随着生产力的发展，服饰的材质以及服饰上所用的装饰也渐趋多样。久而久之，一个部族或者族群逐渐形成有别于其他部族、族群的服装风格，同时也在内部产生分化、形成等差。在文献的记述里，中国先秦时代的人们就已明确地意识到与周边匈奴等族群在衣着打扮上的明显差别（披发、左衽）。也就是说，最晚在先秦时代，服饰就已成为区分族群最为外在、形象的标识。这种标识历经秦汉、隋唐、宋元、明清两千多年的发展，并对周边的国家特别是东亚世界的日本、韩国、越南等国家产生影响。本书聚焦的正是这种影响。

　　东亚世界至今还在应用的旧时服饰，日本有和服、韩国有韩服，中国则有所谓的汉服。和服、韩服虽然历经嬗变，但大致还可以说是传承有序、未曾中断。与此不同，汉服则是一种当下再造的概念。旧时的汉、辽、金、元时期虽然都有汉服，却并非今天的概念。汉服在现代的重现，更像是在和服、韩服映照下的一种因应。汉服在现代的初现大致在 2003 年左右，后来经由网络的推动，才形成今天迅猛发展的态势，并渐为人知。

　　中国历史上曾频繁地改朝换代，而易代之际往往要改正朔、易服色，所以一代有一代衣冠之制。元代以来，元朝、清朝都是少数民族主导的王朝，冠服制度以当时占据主导的蒙古、满洲冠服为主，明朝虽然以汉人为主导，但处于元、清之间，影响有限。及至民国，帝制被推翻，冠服的改易更多是受西方的影响。可以说，近世以来中国的冠服，随着王朝的更替有着一次又一次的断裂。正因这种断裂，即便是汉服，当下也有汉制、唐制、宋制、明制等的差别。这些差别，一定程度上也反映了汉服重构中的混乱与无序。中国不同时段的服饰均曾被日、韩诸国所借鉴，如隋唐服饰对和服、明代服饰对韩服，都曾有过相当的影响。但这种影响只是被参照借用，而非全然照搬，和服、韩服并不就是隋唐、明代服饰。另外，韩服实际上还深受高丽服饰的影响，尽管高丽末期的服饰有着浓厚的蒙古元素。不论和服还是韩服，在接受外来服饰影响时，也都有所取舍，有着自身的主观能动性。这一点，似乎通常被我们所忽视。

作为普罗大众，在日常生活中接触日、韩人士以及观察他们穿用和服、韩服这样的机会可能并不太多，更多是在观看日本、韩国历史题材影视剧的时候。在网络上，与和服、韩服相关的影视剧总能引起争论。不过，两者引发争论的缘由又稍有不同。很长一段时间里，香港乃至内地制作的很多中国历史题材影视剧，经常借用和服中的元素甚至是和服本身，并宣称由于和服受到隋唐服饰的影响，径自以为所用的就是隋唐元素乃至隋唐服饰。这套说辞的逻辑是，和服就是隋唐服饰，所以可以任意借用。这一逻辑同样在近年古建筑的兴建中大行其道，"和样"被认作是唐风。和服所引发的争论更多的是在国内民众之间，焦点为和服中是否原封不动地保存了隋唐服饰。与此稍有不同，韩服引发争论的缘由则是归属问题，而且往往牵涉中、韩双方。韩服中的很多服装类别，过去都是明代中国所曾有的，明朝也确实对当时的朝鲜王朝有过实际的影响。由此，很多人就认为韩服或者说至少是韩服中的很多服装类别都是明代中国的，而非韩国的。韩国的众多历史题材影视剧，都曾因为这个问题，在网络上引发争论。双方之所以引发争论，某种程度上也正在于我们忽视了韩服并非明代服饰本身，一如和服并非隋唐服饰本身。

本书虽然分述中国隋唐、元明乃至其他时段的服饰，兼及东亚周边国家对同类服饰的接受与发展，力图展现中国与东亚诸国同类服饰间的异同，但并不试图一劳永逸地纠正我们以往存有偏差的认知。这当然是由于作者不可避免地会有一些认知上的偏差，尽管已尽可能地保持客观、理性。同时，也是因为作者对东亚诸国服饰的认识并不系统全面。这种局限，明显表现在本书的内容上。本书共分三章，依次讨论中国及东亚诸国宫廷服饰、品官服饰、士庶服饰中的某些门类。宫廷服饰计有帝王冕服、皮弁服、常服和后妃翟衣，品官服饰分为朝祭之服、常服，士庶服饰则是深衣、笠帽、巾帽、网巾。从内容上看，关涉的服装门类只是极小部分，并非全面系统。事实上，要对中国与东亚诸国间的服饰交流作全面系统的整理研究，也远非作者一人所能胜任。需要说明的是，同一门类的服装在不同的国家，称呼上或有微异，时段上或非同时，但其属性略同。

本书各节行文的次第，首先是叙事，以各自相关的某一历史事件作为开端。这些历史事件既包括中国、日本、韩国、越南各自国内的重大史事，如嘉靖年间的大礼议、明朝的灭亡、日本的大佛开眼，朝鲜王朝的开国、王子之乱、中宗反正、仁祖反正、昭显世子之死，安南国王阮光平的入觐，等等；也涵盖牵涉多国的国际大事，如明朝的万历东征（韩国称壬辰倭乱、丁酉再乱，日本称文禄庆长之役）。这些历史事件往往具有故事性，可以说是书中最有趣味的内容。叙事之后，则是简述某一服装门类发生、发展乃至消亡的历史。这部分内容主要是基于文献、图像和实物来展开论述。文献、图像、实物三者互证，使得既有充足且坚实的证据支撑立论，也达到了图文并茂的效果。进而，借由这部分内容，既可反映中国服饰对周边国家的影响，也可见出周边国家服饰接受这一影响时所采取的因应措施。这种因应，尽管意愿上或曾想要全然照搬，但实际上却从未实现。

　　是为序。

2023 年 10 月 2 日于永定河畔

第一章

宫廷服饰

第一节　冕服

一、明代的冕服

正德十六年（1521）四月二十二日，立藩于安陆（今湖北钟祥）的兴献王的长子朱厚熜登极即皇帝位，这就是后来的明世宗。此前的三月十四日，明武宗崩于豹房，因为明武宗没有后嗣，遵从兄终弟及的祖训，遗诏令兴献王的长子也就是他的堂弟朱厚熜嗣皇帝位。入京之前，礼部拟具仪注，奏请让朱厚熜"如皇太子即位礼"，由东安门入居文华殿，然后群臣上笺劝进，再选择吉日登极。礼部所拟的仪注，背后有一个逻辑，那就是朱厚熜以皇太子的身份继承皇位，而他的父亲兴献王并没有当过皇帝，那么朱厚熜就需要先过继给明孝宗，然后才能即位。这样一来，在名义上，朱厚熜的生身父亲就不再是他的父亲。这时候的世宗虽然年纪还轻，不过也很有主见，认为这次入京是"嗣皇帝位，非皇子也"（《明史·世宗本纪》），对礼部所拟的仪注并未屈从，坚决主张以皇帝之尊由正阳门进京，经大明门入皇城，过午门而进紫禁城继承帝位。无奈之下，大学士杨廷和及礼部的大臣也就不再坚持。正因为世宗是以小宗入继大统，为了追尊他的生父兴献王，于是嘉靖初年就有了大礼的议定。作为大礼议后续的一环，嘉靖八年（1529）又有冕服制度的改定。在后来的某一天里，世宗升殿，尚宝司卿谢敏行因为职责所在，依照惯例捧着御宝随侍在皇帝身边。然而就在两人靠近的时候，却突发意外，谢敏行朝服上挂着的玉组佩突然与世宗冕服上的玉组佩纠缠在了一起，任凭如何努力都没能够分开。谢敏行吓得够呛，当即下跪请罪，而世宗则命令内官们赶紧将两人的玉组佩解开。见谢敏行吓得不轻，已经不能站立，世宗又让内官们把他扶起，原谅了他的过错。因为这件事，世宗下令让中外官员以后朝服上都用佩袋，用红纱包覆玉组佩，防止互相缠绕。但是，从此以后，大朝会的时候殿陛之间，玉组佩各构件互相碰撞时的清越之音也就减了许多。不过，由于南郊祭天属于大礼，不敢用佩袋，还保留有玉组佩清脆悦耳的声响。

冕服，历来就是等级最高、礼制最隆的礼服，明代之前又分六种，也就是礼书中说的六冕。六冕又称五冕，《周礼·夏官·弁师》记载"掌王之五冕"，郑玄注解说之所以只提五冕，是由于大裘冕没有旒珠，可以不计算在内。冕服原先是君臣共用的，但到了辽、金、元三代则仅限于皇室内部，文武群臣没有资格穿着。明代冕服，是洪武元年（1368）创制的，十六年又对皇帝冕服作了更改，二十二年因为皇室子孙繁衍又定亲王世子冕服制度，二十四年对皇帝、皇太子、亲王、亲王世子冕服制度稍稍作了一些改动。洪武末年，冕服制度应该还有一次改动。洪武年间的创定之后，明代冕服在建文二年（1400）又有改动，当时可以穿着冕服的人包括皇太孙、皇曾孙、王世孙、郡王、郡王世子。明成祖经由"靖难"即位后，革除建文年号，当时的重大历史事件也被改窜，同时恢复使用洪武末年的制度，但可以穿着冕服的人则限定在皇帝、皇太子、亲王、亲王世子、郡王，范围又比建文时有所缩小。之后，这套制度一直沿用到嘉靖初年。嘉靖八年更定后的制度，则一直使用到明朝灭亡。明代冕服的历次改定，大抵只是对物色多寡、颜色异同、章纹数目及其彰施、穿用之人等方面的斟酌损益，实质上并没有太大的改变。

明代完整的一套冕服，包括冕冠、衣、裳、蔽膝、绶、大带、玉革带、玉组佩、袜、舄等。不同时期的构件，在数量上又略有差别，比如玉革带就不见于永乐制度。按照明代制度，冕冠皇帝用十二旒，皇太子、亲王九旒，世子八旒，郡王七旒，旒珠用赤、白、青、黄、黑五种颜色拼缀而成，嘉靖初年又改用黄、赤、青、白、黑、红、绿七种颜色。冕冠两侧又用玄紞垂挂充耳和玉瑱，不同身份的人充耳的材质也有区别。冕服上面装饰的十二章纹样，也就是日、月、星、山、龙、华虫、宗彝、藻、火、粉米、黼、黻这十二种，皇帝用十二章，皇太子、亲王用九章，世子用七章，郡王用五章，等级不同，用的十二章纹的数目也不同。冕服上的等级还表现在上衣、下裳的颜色，玉圭的材质、颜色等方面。记录明代冕服制度的，最主要是当时的政书《大明会典》。由于编纂的时间不同，《大明会典》又有两个版本：一个是正德年间颁行的，后世称正德《大明会典》；一个是万历年间颁行的，后世称万历《大明会典》。两个版本记录的冠服相关的内容也有一些差异。此外，明初编纂但直至嘉靖年间才刊行的《大明集礼》也能较好地反映明初的冕服制度。《皇明典礼》则是建文二年刊行的，里面也有冕服相关的制度，只是皇帝冕服并未包括在内，而且对后世的影响也很有限。目前传世的还有《明宫冠服仪仗图》，这本书以图文并茂的形式，对明初的冕服制度作了很好的记述和解说（图1-1）。这本书也是目前可见明代冠服相关的唯一一本内府彩绘本，价值很高也比较珍贵。

文献之外，明代冕服也有不少图像和实物存世。明朝历代皇帝原先应该都有身穿冕服的御容，但后来并没有流存，现在也没能见到。不过幸运的是，明初的陇西王李贞和岐阳王李文忠父子均有穿着冕服的画像存世（图1-2）。这两轴冕服像真实反映了明初冕服的实际，不仅是国内可见最早，也是周礼辐射范围内的东亚世界中现存最早的写实冕服像。明代帝王死后，按照礼制要用冕服入殓。随着考古发掘工作的开展，明代帝王陵墓中有多座都有冕服相关的实物出土。然而由于衣物等有机文物不是很容易保存，明代帝王陵墓中出土的冕服，多数也只剩作为无机质的金玉饰件。唯一被发掘的明代帝陵——明神宗定陵中出土了冕服中的冕冠、裳、蔽膝、后绶、佩带、大带、玉革带、玉组佩等物件（图1-3），

图 1-1　皇帝冕服　《明宫冠服仪仗图》（北京燕山出版社，2015）

图1-2 李贞冕服像 中国国家博物馆藏

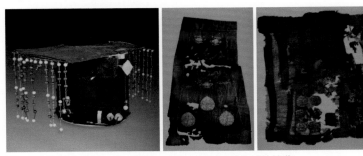

图1-3 明神宗冕冠、裳、蔽膝 北京市昌平区数字博物馆藏

图1-4 鲁荒王冕冠 山东博物馆藏

这是陵墓中出土冕服相对完整的一例。而其他藩王，如鲁荒王、郢靖王、梁庄王、益宣王等墓葬出土的，主要就是冕冠或冕冠残件、玉革带、玉组佩等（图1-4）。值得注意的是，鲁荒王、郢靖王的墓园中还有作为明器入殓的冕服的构件出土，这些构件多为纸质，尺寸也小，但制作并不粗率。截至目前，明代帝王陵墓中出土的冕服没有一套是完整的。

　　明朝灭亡之后，清朝由满人统治，但满人实行辫发，风俗习惯和汉人相差很大，不再采用汉式的冕服制度。满人入关之前，巴克什达海、库尔缠曾经屡次劝说清太宗皇太极变更满洲衣冠，效仿汉人的服饰制度，但清太宗都没有听从。清太宗汲取金朝"废骑射、宽衣大袖"最终导致灭亡的教训，担心后世子孙忘却祖制，荒废作为立国根本的骑马射箭这一基本技能，于是在崇德元年（1636）就给诸亲王、郡王、贝勒、固山额真、都察院官等人下令，要求衣服、语言必须遵守满洲旧制，以及时时勤加练习骑马射箭，以备武功。入关之初的顺治一朝，有不少明朝的旧臣出仕新朝，有的汉臣就奏请清世祖恢复衮冕制度，但都没有被采纳。随着清朝政权的巩固以及汉文化的濡染，到了雍正年间，原先用于冕服上的十二章纹样才被用在了当时的礼吉服上（图1-5）。冕服制度虽然没有被采用，但十二章纹样的取用可以说是师其意而不泥其

图 1-5 清雍正明黄缎缉线盘金龙狐皮袍 故宫博物院藏

迹，是一种效果很好的化用。其实早在明英宗在位年间，十二章纹样就已被用在了皇帝作为常服穿的衮龙袍上（图1-6）。这种衮龙袍，在明神宗的定陵里出土了不少（图1-7），有的还附带墨书，可知当时称为"衮服"。至于清代用的十二章纹样的具体样式，则是采用明朝《三才图会》这本书里"虞书十二章服之图"中的样式（图1-8）。到了乾隆年间，装饰有十二章纹样的

图1-6　明英宗坐像轴　台北故宫博物院藏

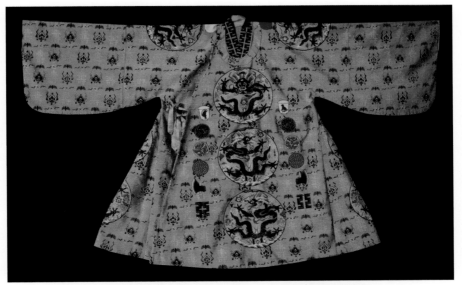

图 1-7　明神宗缂丝十二章十二团龙衮服复制件　北京市昌平区数字博物馆藏

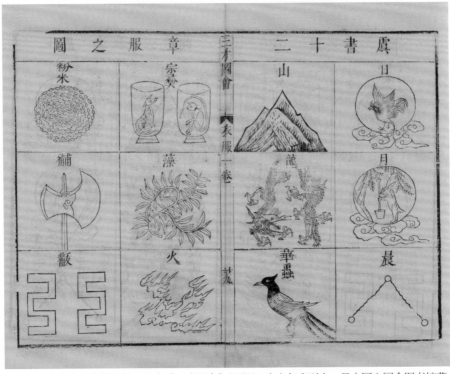

图 1-8　虞书十二章服之图　选自《三才图会》（万历三十七年序刊本，日本国立国会图书馆藏）

图 1-9 皇帝冬朝服 选自《皇朝礼器图》(内府彩绘本, 英国维多利亚及阿尔伯特博物馆藏)

礼吉服被纳入当时编绘的礼书《皇朝礼器图式》内（图 1-9 ），成为一代典制。后世相沿袭用，即便是清朝灭亡后的很长一段时间里宫中还有穿用。

　　清朝灭亡后，民国建立，国家政体由帝制变为共和，但相沿千年的冕服样式的冠服并没有随着帝制的推翻而马上消亡。民国初年推行了一系列的礼制改革，祭天、祀孔是其中的重要举措，相应地，当时又有祭祀冠服的创制。祭祀冠服是参照明代冕服而制定的，而拟定的第一版祭祀冠服因袭明代冕服制度的痕迹尤其明显。记载第一版祭祀冠服的《暂行祭祀冠服制》（现代人定的书名）这本书里说起采用明代制度的理由，就说是明代的礼制非常修明，《大明会典》这本书里记载了各种各样的礼制，灿然大备，"集累朝之典制，审择綦详；师近代之威仪，遵循自易"，所以就模仿明代冕服制度拟作五等祭祀冠服，"拟具条例，绘图诠释"，作为暂时施行的祭服。书里附带祭衣、祭裳等的插图，十二章各章都是单独分布，和明代冕服上十二章的分布几乎一致。而记录在《祭祀冠服制》和《祭祀冠服图》里民国三年（1914）最终成型的祭祀冠服，十二章则集于一团装饰在祭衣上面（图1-10）。祭祀冠服的创制，可以说是周制冕服在共和时代的第一次预演，同时也是在国家层面的最后一次再现。

图1-10　衣上饰十二章纹的团　选自《祭祀冠服图》（民国三年政事堂礼制馆刊本）

二、朝鲜的冕服

建文二年（朝鲜定宗二年，1400）正月，怀安公李芳幹举兵作乱，想要将竞争对手也是自己兄弟的李芳远铲除。之前经由第一次王子之乱，李芳果在弟弟李芳远的支持下登上王位，后来在朝鲜历史上被称为定宗。因为定宗没有嫡子，李芳幹窥伺王位，于是又有第二次王子之乱。不过李芳幹的计划并没有成功，举事失败，本人也被擒拿，二十八日就被流放兔山。事定之后，李芳远被立为世子，十个月后，定宗禅位，世子李芳远即位，这也就是朝鲜历史上的太宗。建文四年（朝鲜太宗二年，1402）二月二十六日，明朝派出的鸿胪寺行人潘文奎带着冕服来到朝鲜，册封李芳远为朝鲜国王。在颁给朝鲜国王的敕书里面，建文帝说起"四夷之国，虽大曰子"，朝鲜本应该被授予郡王爵位，只能颁赐五章或七章冕服，但考虑到朝鲜能够自进于礼义，如果不倚靠中国的恩宠很可能无法号令国内的民众，于是加恩颁赐明朝亲王等级的九章冕服。建文帝的这次冕服颁赐，奠定了明朝赏赐朝鲜国王冕服的基调，那就是"秩比亲王"，用九章冕服。不过追根溯源的话，其实在明太祖颁赐给高丽国王王颛（恭愍王）冕服的时候就已经是用的九章冕服。

高丽在元代原是驸马之国，依附元朝，后期的历代国王也都娶元朝公主作为正妻也就是王妃。在衣冠制度上，高丽同样也深受元朝影响，服属元朝以来，剃头辫发，穿着元朝服装（胡服），将近百年。明朝在将元朝势力驱逐出中原后，"复中国衣冠之旧"，正是高丽末年。当时的高丽在北元、明朝之间最终选择了臣属新兴的大明。洪武三年（高丽恭愍王十九年，1370），明太祖册封王颛为高丽国王并颁赐九章冕服（图1-11），高丽王妃和群臣也都有赏赐冠服，《高丽史》记载说"自是衣冠文物焕然复新，彬彬乎古矣"。恭愍王过世后，高丽的王位又有几次更替，最终被朝鲜王朝取代。朝鲜虽然也对明朝称臣，朝鲜这一国号还

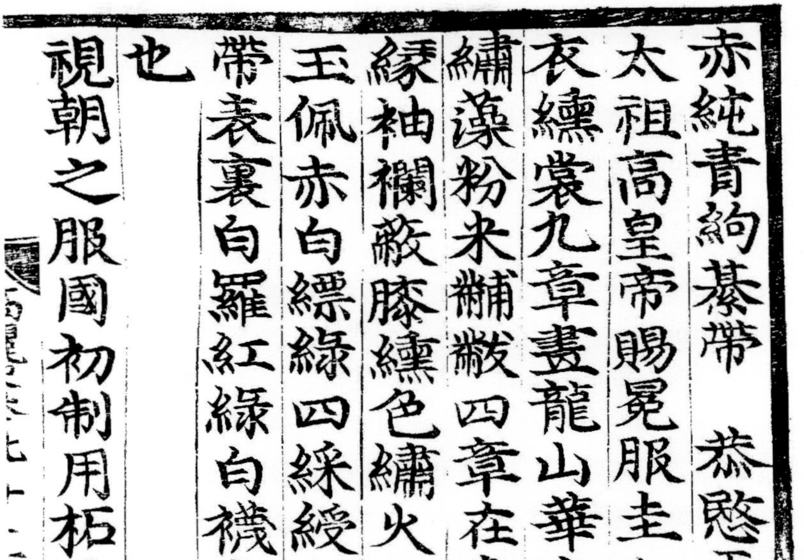

赤純青約綦帶　恭愍王十九年五月

太祖高皇帝賜冕服圭九寸冕青珠九旒青

衣繡裳九章畫龍山華虫火宗彝五章在衣

繡藻粉米黼黻四章在裳白紗中單黼領青

緣袖襴黻膝繡色繡火山二章革帶金鉤䚢

玉佩赤白縹綠四綵綬小綬二間施金環大

帶表裏白羅紅綠白襪赤履奉祀朝覲之服

也

視朝之服國初制用柘黃袍文宗十二年四

图 1-11　《高丽史》内页图

是明太祖钦定，但洪武年间明朝始终没有对朝鲜国王予以册封，只是授予"权知朝鲜国事"的头衔。当时明朝国内，燕王朱棣已起兵靖难，至此，朝鲜国王才第一次受到明朝的正式册封。这次册封，意味着朝鲜王朝自开国以来首次得到明朝的认可。从此以后，朝鲜国王继位，依照惯例都由明朝册封并赐予冕服。

建文帝颁赐的九章冕服，它的具体构成，明朝和朝鲜双方的文献都没有详细记录。详细记录明朝颁赐冕服具体构件的，是在永乐时期。建文四年六月十七日，燕王朱棣在群臣的轮番劝进下即皇帝位于奉天殿。八月初一日，明朝派出使臣向朝鲜宣告新皇帝即位的消息。十月初四日，朝鲜以左政丞河崙为贺登极使入京祝贺，同时向明朝礼部奏请新的诰命、印章。永乐元年（朝鲜太宗三年，1403）四月，明朝赐朝鲜国王诰命、印章，明成祖仍封李芳远为朝鲜国王。同年，朝鲜派遣使臣奏请国王冕服以及各种书籍，成祖给礼部下令，命"冕服照依父皇旧例体制造，书籍整理给与他"，派去使者颁赐朝鲜国王冕服，以及朝鲜王妃的冠服、元子的书册等物品。永乐三年秋，明朝翰林待诏王延龄抵达朝鲜，颁赐朝鲜国王衮冕九章，以及锦段纱罗、书籍等物品。正统十一年（朝鲜世宗二十八年，1446），朝鲜派遣使臣奏请世子冕服。景泰元年（朝鲜世宗三十二年，1450），明朝颁赐朝鲜世子冕服一副。这两套冕服的具体构成，当时明朝礼部颁给的敕书和咨文里都有详细的记录，后来也被一一画成图像（图1-12），收入成化十一年（朝鲜成宗六年，1475）刊行的《国朝五礼仪》这本书里。乾隆十六年（朝鲜英祖二十七年，1751），又定世孙冕服，并且同样以图文的形式收入在《国朝续五礼仪补》中（图1-13）。

冕服，在朝鲜王朝是国王、王世子（王世弟）、王世孙穿用的最隆重的大礼服。朝鲜王朝的冕服，最早就是建文年间颁赐的，但最早被详细记录各个构件的则是永乐年间颁赐的。同明朝

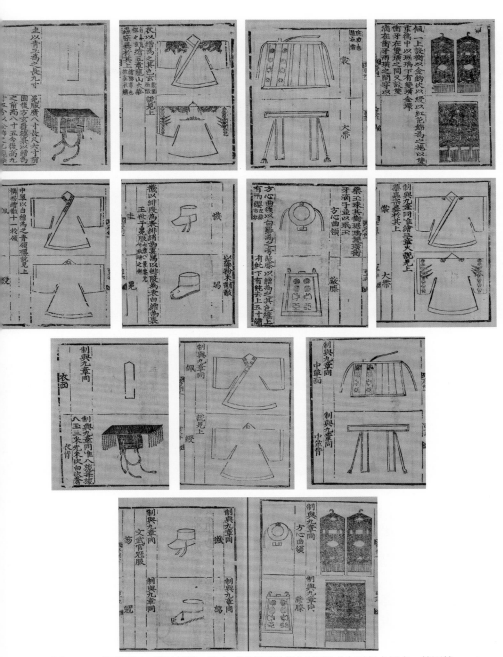

图1-12　朝鲜国王、世子冕服　选自《国朝五礼仪》(朝鲜成宗五年木板本,韩国韩国学中央研究院藏书阁藏)

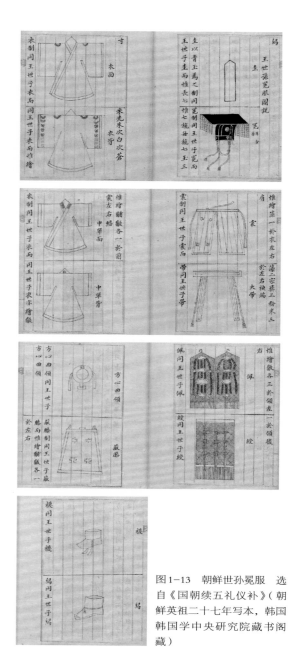

图1-13　朝鲜世孙冕服　选自《国朝续五礼仪补》(朝鲜英祖二十七年写本,韩国韩国学中央研究院藏书阁藏)

一样，朝鲜完整的一套冕服，也包括冕冠、衣、裳、蔽膝、绶、大带、玉组佩、袜、舄等。在制度上，朝鲜王朝用的冕服同于永乐制度，但在后期的实际使用上又有玉革带，与永乐制度又稍有区别。《朝鲜王朝实录》中收有明朝两次颁赐冕服的文书，永乐三年礼部移付的咨文，以及景泰元年颁降的敕谕，里面都开列了国王与世子冕服的各个构件，并且对各个构件的组成、材质、颜色及其配件都作了很详细的记述（图 1–14）。不过，在被《国

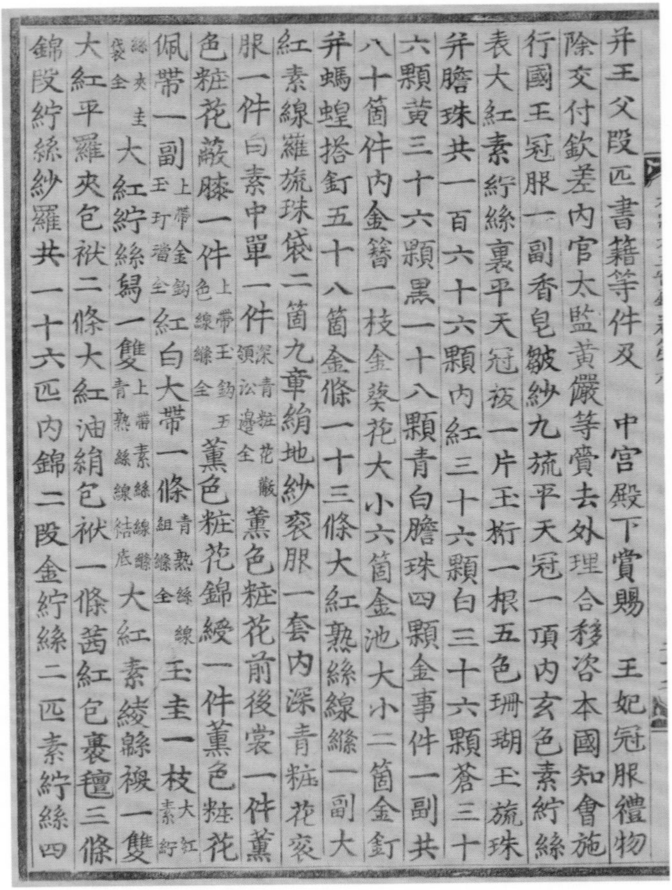
并王父段匹書籍等件及　中宮殿下賞賜　王妃冠服禮物
除交付欽差内官太監黄儼等賫去外理合移咨本國知會施
行國王冠服一副香皂皺紗九旒平天冠一頂内玄色素紵絲
表大紅素紵絲裏平天冠䙓一片玉桁一根五色珊瑚玉旒珠
并膽珠共一百六十六顆内紅三十六顆白三十六顆蒼三十
六顆黄三十六顆黒一十八顆青白膽珠四顆金事件一副共
八十箇件内金簪一枝金葵花大小六箇金池大小二箇金釘
并螞蝗搭釘五十八箇金條一十三條大紅熟絲線縧一副大
紅素線羅旒珠袋二箇九章絹地紗袞服一套内深青粧花袞
服一件白素中單一件深青粧花蔽領沿邊全薰色粧花前後裳一件薰
色粧花蔽膝一件上帶玉鈎玉色線縧全薰色粧花錦綬一件薰色粧花
佩帶一副上帶金鈎玉玎璫全紅白大帶一條青熟絲線組縧全玉圭一枝大紅素紵
絲夾圭袋全大紅紵絲舃一雙上帶素絲線縧青熟絲線結底大紅素綾襪一雙
大紅平羅夾包袱二條大紅油絹包袱一條茜紅包裹氈三條
錦段紵絲紗羅共一十六匹内錦二段金紵絲二匹素紵絲四

图 1–14　《朝鲜太宗实录》内页图

朝五礼仪》收录后，书中的两套冕服与明朝实际颁赐的冕服间存在细微的出入。按照制度，朝鲜国王冕用九旒，旒珠用朱、白、苍、黄、黑五种颜色，世子八旒、世孙七旒，旒珠都用朱、白、苍三种颜色。国王冕服上只用十二章纹样里日、月、星之外的九章，世子用日、月、星、山、龙之外的七章，世孙用宗彝、藻、粉米、黼、黻五章。

英祖在位期间，当时已是清朝乾隆年间，朝鲜冕服又有过一次类似于明朝嘉靖改制的改动，主要就是议定上衣的长度不该遮蔽下裳上的章纹以及大绶的制式。英祖这次改制后的冕服，被收录在乾隆二十三年（朝鲜英祖三十四年，1758）定稿刊行的《国朝丧礼补编》里。《国朝丧礼补编》同样附有冕服的图说，书中的冕服虽然是凶礼上用的，但与实际中的穿着差别不大。对比《国朝五礼仪》和《国朝丧礼补编》两本书里面冕服的插图，可以看出英祖时期冕服构件的形制也略有改变，而裳和蔽膝形制的变动就显得尤为突出（图1-15）。朝鲜王朝时期编纂了众多的仪轨，这些今天被列入世界记忆遗产名录的《朝鲜王朝仪轨》中也有众多冕服相关的仪轨，而且多数也绘制了冕服的插图，甚至不少还是彩色的插图（图1-16）。对比这些不同时期绘制的冕服插图，英祖时期冕服构件形制上的改动也能有所反映。

无论是《国朝丧礼补编》还是《朝鲜王朝仪轨》，它们的编纂都是以《国朝五礼仪》作为中心依据。《国朝五礼仪》作为一代典制，奠定了朝鲜后世的礼制规范。光武元年（清光绪二十三年，1897），朝鲜国王高宗称帝，由此朝鲜王朝升格为大韩帝国。自此，冕服中又加入了皇帝等级的衮冕十二章。当时掌礼院着手编纂的礼制集成《大韩礼典》里面，就记录了皇帝、皇太子两套冕服制度。《大韩礼典》里的记载主要参照的是《大明会典》中的内容，但实际的使用与明代制度存有差异，存在差异的地方就是袭用《国朝五礼仪》这一系统礼书的结果。《大韩礼典》当时

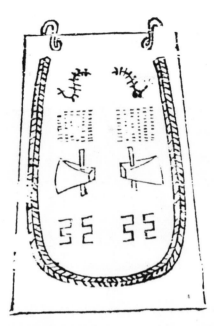

图 1-15　蔽膝　选自《国朝丧礼补编》（朝鲜英祖三十四年木板本，韩国奎章阁韩国学研究院藏）

图 1-16　《孝宗国葬都监仪轨》内页图

没能颁行且只有手写本存世，这两套制度后来又被收于《增补文献备考》。礼书以及仪轨中的配图之外，韩国国内又有传为高宗的两件青衣、中单实物存世（图 1-17）。另外，朝鲜国王、世子

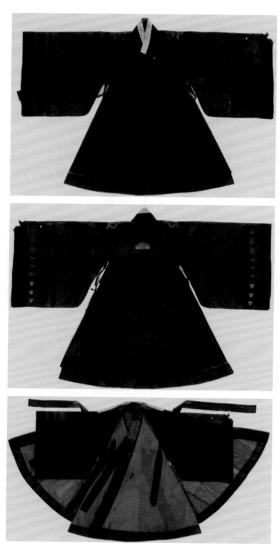

图 1-17　朝鲜末期九章服和中单　韩国国立中央博物馆藏

的画像上，也可以看到朝鲜末期的冕服式样（图1-18）。而日帝强占期间，李王家纯宗、英亲王的照片上，也可以看到大韩帝国时期的冕服的具体形象（图1-19）。

图1-18　朝鲜孝明世子（文祖）七章冕服像　韩国国立古宫博物馆藏

图1-19　日帝强占时期穿着十二章冕服的纯宗旧照　选自《纯宗实纪》（韩国国立古宫博物馆藏）

三、日本的冕服

应永九年（明建文四年，1402）九月初五日，明朝派出的敕使天伦道彝、一庵一如（都是僧侣），到达日本京都北山的北山殿，正式册封当时已经剃发出家却仍是室町幕府实际掌权人的足利义满为日本国王。这也是日本历史上实际掌权人第一次被明朝正式册封为日本国王。与朝鲜国王在建文四年才第一次被正式册封一样，当时的册封都是在燕王起兵靖难的背景下进行的。明朝刚刚兴起的时候，日本正处于南北朝时期，足利义满也刚继任幕府将军不久。之前的正平十四年（元至正十九年，1359），南朝后醍醐天皇之子怀良亲王大败幕府军，乘胜控制了日本对外交往的前沿太宰府和博多。由此，怀良亲王成为明朝对日交往最初接触的对象，而明太祖也误认为怀良亲王就是日本国王。洪武七年，北朝派遣僧人宣闻溪等向明朝贡马及方物，由于没有表文，明朝却贡。后来北朝又多次入贡，但是仍因表文问题没有实现。元中九年（明德三年，洪武二十五年，1392）闰十月，南朝后龟山天皇亲赴北朝控制下的京都，闰十月初五日在大觉寺让渡神器，从此足利义满结束日本半个多世纪的分裂，实现南北一统。不过，明太祖在位期间，明朝与日本的关系并未有大的推进。直至建文四年明朝正式册封足利义满为日本国王，两国关系才步入新的时期。

比照册封朝鲜国王的例子，日本国王被册封时应该也有九章冕服的颁赐。首次册封日本国王时，对册封典礼上的参与人员、现场布置以及具体仪式，日本宫内厅书陵部藏的文书《宋朝僧捧返牒记》有着详细的记录，但对颁赐之物却没有记载。明确记载册封时有颁赐冕服的，是在永乐时期。明成祖即位后，日本应永十年（永乐元年，1403）赐给日本国王足利义满冠服和龟钮金印。永乐三年，又赐日本国王九章冕服。这些颁赐日本国王的冕服具体是怎么样的，现存日本方面的文献并没有太多记载。不过，按照情理，应该和颁赐朝鲜国王的冕服不会有太大差别。足利义满过世后，他的儿子足利义持嗣封日本国王，但向明朝称臣引起日本国内不满，永乐九年时就不再朝贡。后来两国虽有互通使节，却未再有冕服的颁赐。明末万历年间，又册封丰臣秀吉为日本国王，但颁赐的冠服中并没有冕服，只有皮弁冠服与常服（图1-20）。

幕府将军之外，当时的日本天皇也使用冕服。不过，有所不同的是，幕府将军冕服用的是明代制式，而天皇冕服用的则是唐代制式，渊源更早。日本天皇使用冕服，始自奈良时代的天平四年（唐开元二十年，732）。《续日本纪》记载天平四年正月初一日，天皇御大极殿受朝贺时才开始使用冕服，这也是日本历史上第一次使用冕服。当时的冕服，具体的构成难以知道得很详细，但奈良东大寺正仓院中还是保存了部分相关的实物。现在正仓院中还收藏有奈良时代御礼冠的残件，一起的还有木楬，根据上

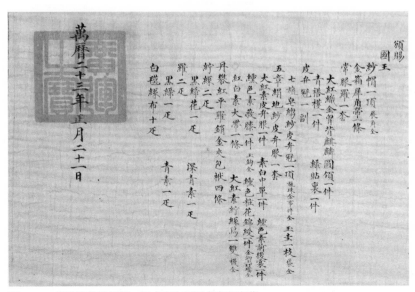

图1-20　明神宗敕谕局部　日本宫内厅图书寮文库藏

面的墨书，可以知道原先是圣武天皇和光明皇后二人的御礼冠。两顶御礼冠都已残损得很厉害，各种零件混在一起难以区分，不过仍然可见到旒珠、冠上所敷的漆纱以及各种金属饰件（图1-21）。根据后世冕冠的图像，一些金属饰件如太阳形放射状的饰件（图1-22），应该属于天皇冕冠。

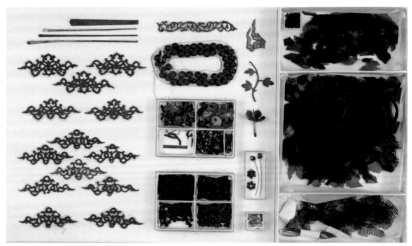

图1-21　奈良时代御礼冠残件　日本正仓院藏

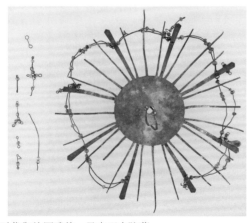

图1-22　奈良时代御礼冠残件　日本正仓院藏

奈良时代启用的冕服，一般认为就是弘仁十一年（唐元和十五年，820）诏谕中说的元正受朝使用的"衮冕十二章"。"衮冕十二章"具体的构成，成书于平安时代中期的《西宫记》有着详细记载，包括绣有日、月、山、龙、虎、猿等形象的赤大袖，绣有钺的形象的赤色小袖褶，白绶，玉佩两挂，冕冠，御笏，乌皮舄等。这里的虎、猿，是十二章纹样中宗彝上的形象，钺也就是十二章中的黼纹。《西宫记》记录天皇即位时的礼仪，也说天皇的御礼服用赤色，大袖上绣有日、月、七星、龙、猿、虎形，绣有钺形的赤御褶，白绶，玉佩，乌皮舄。即位时，天皇吉时登上高御座，穿着冕冠、礼服，其中包括大袖、小袖、褶、乌皮沓、御牙笏、玉佩、绶等。

后世天皇即位，即位之前都要举行礼服御览仪式，也就是检验即位仪上天皇穿用的礼服的一项工作，这方面的记录非常的多，也相当具体。御览的礼服一般有五具，其中一具男御装束也就是天皇冕服。如长元九年（宋景祐三年，1036）七月初四日，后朱雀天皇即位之前举行的礼服御览仪式，天皇冕服就包括御冠巾子，前后有栉形，有押鬘，御冠前后垂玉璎珞各十二旒也就是旒珠，冠顶有日形像，中间有三足赤乌。为了让日形有光，又用二枚水精制作日形。大袖用的绯色绫，绣日、月、山、火焰、鸟（华虫）、龙、虎、猿。同色小袖不绣纹样，同色的裳上则绣有折枝、斧形、巴字等。这里说的折枝应该是十二章纹样中的藻，斧形也就是黼纹，巴是己的误字，两己相背也正是十二章纹样中的黻纹。后世的图像对礼服御览这一仪式也有反映，如日本宫内厅藏表现孝明天皇即位之前礼服御览场景的图绘，天皇面前的两顶冕冠十分醒目，而天皇座右放置在箱笼之中的红色衣物无疑就是冕服（图1-23）。

这套唐代制式的衮冕十二章虽然仿照的是唐代制度，但从文献记载或是实物遗存来看，都与唐代的冕服存在一定的差异。比

图1-23　孝明天皇礼服御览之图　日本宫内厅宫内公文书馆藏

较明显的就是日本冕冠上的日形装饰，这在唐代冕冠上是没有的。日本冕服衣裳通用红色，而非唐代用的玄衣纁裳。当然，也有日本学者如武田佐知子等人认为红色衮衣也是从中国引入的，但好像并没有确实的根据。另外，日本冕服后来似乎也有自身的发展，如早期文献记载的冕冠是前后垂旒，但后世的一些图像显示的是前后左右四周垂旒（图1-24），孝明天皇冕冠实物也是如此。这套唐制冕服一直使用到江户时代末期，所以也常常见于日本后世编纂的图书（图1-25）。同时，日本宫内厅现在还收藏有东山天皇、孝明天皇衮冕十二章礼服各一套（图1-26）。此外，还有一套纸制的冕服模型（图1-27）。对于这套唐制冕服，早先台湾辅仁大学的王宇清曾撰有专门文章介绍这一制式冕服与唐制冕服的异同。孝明天皇之前，沿用的是宽文三年（清康熙二年，1663）灵元天皇即位时的冕服，到了弘化四年（清道光二十七年，1847）孝明天皇即位才重新制作了冕服。幕末时期，百度维新，日本社会追慕西洋风尚，充斥着洋风，朝廷认为当时模仿唐

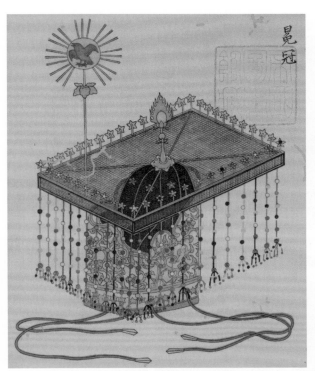

图 1-24 天皇冕冠 选自《冠帽图会》（日本天保十一年刊本，日本国立国会图书馆藏）

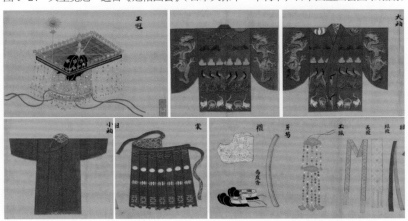

图 1-25 天皇礼服 选自《冠服图》（江户时代彩绘本，日本早稻田大学图书馆藏）

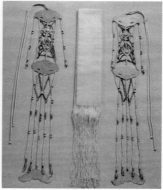

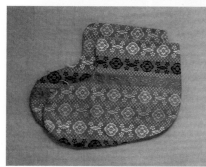

图1-26　江户时代孝明天皇御礼服中的衣、裳、玉佩、小绶、袜、舄　日本宫内厅藏

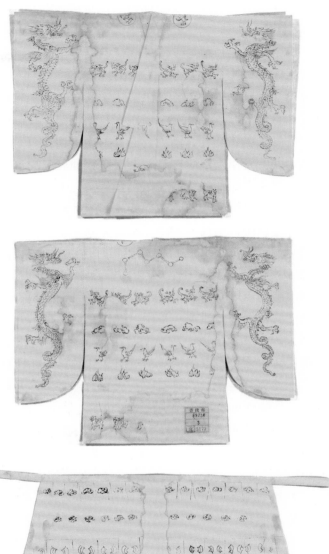

图 1-27　后光明天皇冕服纸样　日本宫内厅图书寮文库藏

制的衣冠已不合时宜，明治天皇即位只用黄栌染御袍，冕服最终废弃不用。

四、越南的冕服

乾隆二十五年（1760），朝鲜派出使臣庆贺清朝平定准噶尔，安南派遣使者告知国王薨逝并请求嗣王袭封，由此两国使臣得以有机会在北京会面。这年的十二月三十日，朝鲜、安南使节一同前往鸿胪寺参加朝贺演礼，因为安南首席通事精通汉语，朝鲜书状官李徽中的儿子李商凤趁着演礼的间隙跟他展开交谈。演礼结束后，李商凤又受命前往安南使节馆舍拜访，于是也就有了李商凤与安南副使黎贵惇的笔谈，从而促成了此后双方人员的多次交流往还。在笔谈中，李商凤询问了由安南到北京需要的日程、什么时候离京、什么时候归国等问题，同时也询问了安南的风俗、制度。其中李商凤提到安南礼乐文物不让中华，他早已有所耳闻。看到安南的衣冠制度和朝鲜相像，于是又询问起安南被发漆齿这一风俗的依据。黎贵惇回答说，五帝三王不相沿袭，所以即便是中华大国，如汉、唐、宋、明，历代衣冠、礼仪也不一样。安南稍备礼文，大多是参酌损益，对中华的衣冠、礼仪有因袭也有变革，不需要严格地一一遵循。从双方的笔谈中，大致可以看出安南衣冠与朝鲜相仿，也和明代制度近似。

越南在明初也曾自己制造冕服，并以九章冕服赐予占城国王，但具体的制度并不清楚。安南曾在天顺元年（1457）、天顺八年（1464）、弘治十四年（1501），几次向明朝奏请按照赏赐朝鲜国王九章冕服的成例，给安南国王颁赐冕服，不过明朝并未答应。整个明代，安南国王都没有获赐明朝的冕服。明朝之所以不给安南赏赐冕服，主要是认为安南国王在名分上是明朝的臣子，赐给安南国王皮弁冠服一副，足以让他"不失君主一国之荣"，赐给一品常服一袭，也可以使其"不忘臣服中国之敬"，是恩礼兼隆、名分不紊的最佳举措，颁赐皮弁冠服与常服也就够了。明清时期，越南历陈朝、胡朝、黎朝、莫朝、后黎朝、西山朝、阮朝数朝，越南冕服制度现在可以考定的是阮朝的制度。明命十二年（清道光十一年，1831），阮圣祖命令礼部稽考古代的衮冕制度进呈，并亲自制定样式推行，首次恢复了御用的衮冕，以用于当年的南郊大祀。同时，阮圣祖还下命令给礼部，认为南郊祭天典礼上的执事人员，礼部也应该酌情拟定制造并且赏给冕服，以便开年举行祭天典礼。

　　阮圣祖制定的衮冕制度，《大南寔录》《钦定大南会典事例》《大南典例撮要新编》等书都有详细的记载。明清时期，越南在国内推行的是"内帝外王"的政策，也就是在其国内称帝，在中国面前称王也就是称臣。所以，阮朝国王在国内称皇帝，用的是衮冕十二章。这套衮冕，冕上方下圆，前后垂旒二十四，左右又各垂一旒，天青衮衣，正黄裳，十二章六章在衣六章在裳，均用绣，继衣，革带，袜，靴（图1-28）。按照《钦定大南会典事

图1-28　冕服　选自 Grande Tenue de la Cour d'Annam（《大南宫廷服饰全图》）

例》的记载，南郊大礼也就是祭天时，皇子、诸公、郊坛执事等人也穿冕服。皇子、诸公冕冠前后九旒，青衣五章，纁裳四章，纁色蔽膝用二章，章纹均用绣。郊坛执事官员冕服正二品以上冕冠用六旒，青衣三章，纁裳二章，蔽膝一章，均用绣。文班从二品、正三品冕冠前后四旒，青衣一章，纁裳二章，蔽膝一章，也都是绣制章纹。值得注意的是，阮朝在冕服制度上还纳入了网巾，如皇帝冕冠下就有网巾，网巾装饰有金圈四枚。皇子、诸公及文武官员冕冠下的网巾，则与朝服上所用的相同，这是与各国冕服都有差别的一点。尽管明朝、朝鲜在实际中可能也将网巾用在冕服上，但从没有在制度上作出规定。从制度上的规定中，还可以看出诸臣参与祭天时用的冕服旒和章纹的数目，都是按照品级递降的。衮冕为君臣所共用，这也是阮朝冕服区别于明朝冕服的一大特点。

维新十年（1916）四月初二日，反抗法国殖民统治的维新帝被废退位，尊人府、辅政府的文武大臣经由法国同意，推戴奉化公阮福晙即位为帝，这也就是后来的阮弘宗，也称启定帝。四月十五日，迎阮弘宗入光明殿；四月十六日，阮弘宗受传国宝玺于勤政殿，群臣奉笺劝进。四月十七日，阮弘宗在太和殿即皇帝位，建元启定。启定十年（1925），阮弘宗四十岁生日，万寿圣节上阮弘宗被拍摄了很多照片，其中几张就是身穿冕服的影像（图1-29）。此外，越南还有大量不同时期大臣穿着冕服参加郊祀的照片存世（图1-30）。由于阮朝离现在并不遥远，冕服相关的实物也有一些存留，如皇帝的冕冠（图1-31）、衮衣（图1-32），皇太子的靴等实物就有传世。这些都为认知阮朝的冕服提供了生动具体的材料。保大二十年二月初八日（1945年3月23日），阮朝举行历史上最后一次南郊祭天大典。后来，八月革命风潮席卷越南全国，阮朝最后一位皇帝保大帝宣布退位，越南帝制终结。于是，当年的郊祀大典也就成了越南历史上最后一次使用冕服的场合，同时也宣告了东亚历史上周制冕服的终结。

图 1-30　穿着冕服的越南大臣旧照

图 1-29　穿着衮冕的阮弘宗旧照　选自
Silken threads: A History of Embroidery in China, Korea, Japan and Vietnam（Harry N.Abrams, 2005 年）。值得注意的是，照片上蔽膝的位置其实是后绶，或为阮弘宗故意作此穿着。

图 1-31　阮朝冕冠　越南国家历史博物馆藏

图 1-32　阮朝圣祖衮衣　越南顺化宫廷文物博物馆藏

第二节　皮弁服

一、明代的皮弁服

嘉靖十七年（1538）十二月初三日，明世宗的生母章圣皇太后病逝，而世宗生父兴献王的显陵远在兴藩的故地湖广承天府。由此，世宗不得不面对父母合葬的问题，构想在埋葬历代皇帝的天寿山境内的大峪山为其父母营建陵寝，并将湖广的显陵迁奉到北京。十二月初六日，世宗向礼部、工部降下谕旨，提及由于兴献王过世时世宗还只是藩王，并未继承皇帝之位，营建父亲葬地时所用的礼制与当下并不相称，希望能将显陵迁奉到北京，命令礼部详细拟定显陵迁奉仪注进呈。大臣们认为显陵迁奉、大峪兴工是朝廷的大典礼、国家的大举措，应该预备尊谥、香册、铭旌以及诸吉凶仪仗、敛衣、弁冕之类，先行送到显陵。后来拟定的显陵迁奉仪注中包括：写有"大明睿宗知天守道洪德渊仁宽穆纯圣恭俭敬文献皇帝梓宫"的铭旌；皇帝等级的冕服、皮弁服、常服，玉组佩、玉圭、绶、舄、履等也都具备，由内府相应的衙门快速制办；吉凶仪仗等等。嘉靖十七年制办并送至承天府的皇帝级别的冕服、皮弁服、常服等，后来都被详细地记录在《承天大志》里。《承天大志》记录了嘉靖十七年皇帝皮弁冠服的一套完整组成构件，它们包括：十二旒香皂皴纱漆布胎平凉冠一顶，也就是皮弁；玉圭一枝，玉革带一条；皮弁服一套，其中有大红素纻丝皮弁服一件，大红彩画黻领白素纻丝中单一件，纁色素纻丝前后裳一件，纁色素纻丝蔽膝一件，大红素纻丝彩画锦绶一件，大红素纻丝彩画佩带一副，红白素纻丝大带一条；玄色素纻丝舄一双，白素纻丝袜全备。同时，又有包裹皮弁冠服的柘黄包袱四条，其中平罗销金云龙双层的三条、熟绢单层的一条。

皮弁服，是明代皇帝、皇太子、亲王、世子、郡王所能穿用的等级次于冕服的礼服。皮弁服穿用的场合，据《大明会典》，但凡是朔望视朝（皇太子、亲王、亲王世子、郡王则为朔望朝）、降诏、降香、进表、四夷朝贡朝觐的时候就穿用皮弁服，嘉靖年间又下令在祭太岁、山川等神祇的时候也穿皮弁服。皮弁服同冕服一样，出现的时间很早，使用的时间也很长。皮弁服早在先秦就已出现，而且用途颇广。清人任大椿《弁服释例》中有两卷就对皮弁服穿用的场合作了详细的考释。皮弁的形态，随着时间的推移也有所发展。早期的皮弁如两手合拢之状，并且是以白鹿皮制作的，再在上面装饰各种表示等级的珍珠装饰，后世又有增益（图1-33）。到了明代，皮弁的形态就有了很大的不同，已然不

图1-33　皮弁　选自《新定三礼图》（康熙十二年通志堂刊本，美国哈佛燕京图书馆藏）

是上方尖锐的样式，但仍以玉珠作为装饰并据以区分等级。

明代皮弁冠服也是较具特色的服装种类，最初是洪武元年制定，二十四年又有改制，建文二年又作了改动，永乐三年仍用洪武末年制度。依照典制，明代一套完整的皮弁冠服主要由皮弁、绛纱袍、中单、裳、大带、蔽膝、玉佩、大绶、舄等组成。其中皮弁又由旒珠、金事件、线绦等构成，皮弁服则一套计为七件：皮弁服、中单、裳、蔽膝、绶、佩、大带。这一套皮弁冠服的完整组成，也详细的见于明朝颁给日本国王丰臣秀吉和历代琉球国王的敕谕里。日本宫内厅藏的万历二十三年（1595）正月二十一日明朝政府颁给丰臣秀吉冠服的敕谕，上面就开列了郡王等级皮弁冠服的各个构件。

从皇帝到郡王，绛纱袍、裳、蔽膝等基本都没差别，绛纱袍的领袖及下摆等的缘边都用红色；红裳作前后裳，腰间作打褶处理，缘边也用红色；素纱中单，也用红色缘边；红色蔽膝，上面各有玉钩一个；大带，表面是白色，里衬则是红色；袜、舄都是红色，舄首上的装饰稍有差别。用来区分等第的主要是皮弁、中单、大绶等。记录明代皮弁服制度的，主要是《大明会典》。正德、万历两个版本的《大明会典》均记载了明代皮弁服制度。明初编定、嘉靖年间刊行的《大明集礼》，也记录了明初的皮弁服制度。后续的还有《皇明典礼》，但行用的时间很短，对后世的影响也很有限。诸书之外，又有《明宫冠服仪仗图》以图文并茂的形式载录了明初的皮弁服（图1-34），插图还是彩图，十分难得。

明代是使用皮弁服的最后一个朝代，因为明朝距今已有不短的时间，而且皮弁服只限于皇帝、皇太子、亲王、亲王世子、郡王等人使用，所以皮弁服的实物存世很少。现在能够看到的明代皮弁服的实物主要是出自考古发掘，而且保存状况都不是很好，也没有全套留存。根据考古发掘，有皮弁服随葬的主要是四座陵墓，它们是明神宗定陵、鲁荒王墓、郢靖王墓、梁庄王墓。四座

图 1-34　皇帝皮弁服　选自《明宫冠服仪仗图》(北京燕山出版社，2015)

图1-35　鲁荒王皮弁　山东博物馆藏　　图1-36　鲁荒王皮弁上的旒珠

陵墓一座是皇帝的陵寝，三座是亲王的墓园。从年代来说，最早的是鲁荒王墓，其次是郢靖王墓、梁庄王墓，最后是定陵。由于年深日久，随葬的皮弁服大多只剩下皮弁的金玉饰件、玉圭、玉组佩等物，作为纺织品的皮弁服等基本没有能够保存下来。目前所知，只有定陵出土了皮弁服所用的蔽膝、大带、大绶、佩带实物，但其保存状况似乎也不是很好。依照《大明集礼》《大明会典》等书内皮弁的图像，明代皮弁与之前有较大的变动，已不是下丰上锐的形状。对照政书里插图和出土的实物（图1-35），两者的形制大略相同。明代皮弁，冠胎基本用竹篾编制而成，外面再用乌纱覆盖，皇帝十二缝，皇太子、亲王九缝，世子八缝，郡王七缝，每缝中间用旒珠装饰，赤、白、青、黄、黑相次，旒珠的数目各按等级递减（图1-36）。除了国内考古出土的实物外，万历年间赐给丰臣秀吉的冠服还有15件存世，其中属于皮弁服的有绛纱袍、中单、裳、玉组佩、舄等。虽然几百年过去了，但这批传世品的保存状况还算不错。

　　二、朝鲜的远游冠服

　　正统二年（朝鲜世宗十九年，1437）八月二十八日，朝鲜派出圣节使礼曹参判李渲等人到北京祝贺明英宗的万寿圣节，朝鲜国王世宗率领王世子及群臣在景福宫按照仪式拜表。朝鲜圣节使带往明朝的，还有希望向礼部咨询的远游冠相关的一系列问题。

这些问题包括：洪武三年也就是高丽恭愍王在位的时候，明朝曾颁赐冕服和远游冠服，但永乐元年赏赐冕服的时候远游冠服却不在赏赐之列，所以朝鲜一直沿用的是高丽末年的远游冠服制度。只是沿用既久，形制渐渐失真，如当时朝鲜国内就有高丽时传下的远游冠一顶，上面装饰有蝉九只，前面三处，用七宝装饰，不知道当下用的是不是合乎明朝制度；洪武三年赏赐的冕服中有玉组佩，但远游冠服内却没有，但当下用的远游冠服内有一串玉佩挂在蔽膝的前面，冲牙用青玉，珩、瑀、琚、璜用白玉，贯珠用燔水精，不知道是不是原来就杂用青白玉和水精，也不知道是不是合乎明朝制度；原先赏赐的冕服内有青玉圭，远游冠服内没有，不知道青玉圭是否通用，还是说远游冠服是接受朝贺时才穿的，可以不用青玉圭等等。总之，这次出使，使臣带去了一系列的问题，并对未知的对答作了预先的准备。如果礼部郎官问及朝鲜远游冠服，朝鲜使臣则要回答由于身份较低，没能随侍国王身边，所以不知道具体的远游冠服制度。如此之类，可以说朝鲜方面作了充足而又细致的准备。

十二月二十四日，圣节使李渲、通事高用智等人从明朝都城北京回到朝鲜国内，向朝鲜国王进呈一路上的见闻以及传录的敕书。其中提及使臣到礼部咨询远游冠服的结果，礼部回答说是对具体事项并不十分清楚，洪武初年礼制还未完备的时候曾沿袭唐宋制度用远游冠服，但当下则亲王都用皮弁服不用远游冠服。如果朝鲜国王要奏请远游冠服，明朝用以赏赐的肯定是皮弁服。十二月二十五日，朝鲜世宗召集大臣们议事，想着向明朝奏请皮弁服。议政府、各曹的大臣们都认为可以照明朝礼部所说，向明朝奏请皮弁服。正统三年正月十二日，朝鲜派出以国王的弟弟惠宁君李祉为正使的使团向明朝奏请冠服。接到奏请后，明英宗下令行在礼部制办"乌纱远游冠、玄圭、绛纱袍、玉佩、赤舄"等物品，并在八月初七日赏赐给了朝鲜国王。从这里可以看出，朝鲜世宗年间向明朝奏请的是远游冠服，但明朝赏赐给朝鲜的却是当时所用的皮弁服。两国之间指称的名字虽不一样，但实际上是同一种冠服。

远游冠服，在朝鲜王朝是国王、王世子（王世弟）、王世孙穿用的在等级上仅次于冕服的礼服。前面说到，高丽末年也就是洪武三年时，明朝曾颁赐高丽国王远游冠、绛纱袍等，作为接受其国内大臣们朝见时的穿着。朝鲜取代高丽后，由于并没有远游冠服的赏赐，所以一直沿用的是高丽末年明朝赏赐的制度。直到朝鲜世宗年间的奏请，明朝才在正统三年赏赐了当时朝鲜视为远游冠服的明朝的皮弁服。不过，当时的远游冠服仅限于朝鲜国王穿用。《国朝五礼仪》序例部分卷二嘉礼冠服图说，就详细记述了朝鲜国王的远游冠服制度。远游冠服中的圭、冠、衣、裳、大带、中单、佩、绶、蔽膝、袜、舃等各个构件，都画有插图并有图说（图1-37）。成化七年（朝鲜成宗二年，1471），朝鲜又制定王世子的远游冠服制度。顺治五年（仁祖二十六年，1648），朝鲜又议定王世孙的远游冠服制度。王世子、王世孙这两套制度后来都被记录在《国朝续五礼仪补》这本书里面，同样也有插图及图说（图1-38）。明初制度，皇帝用通天冠服，相应地皇太子则用远游冠服。朝鲜王朝升格为大韩帝国后，于是又有了皇帝用的通天冠服制度，皇太子、亲王用的远游冠服制度。这几套制度后来也被记录在《大韩礼典》《增补文献备考》这两本书里。《大韩礼典》里面还附有插图，但由于通天冠服、远游冠服中的其他构件跟冕服中的相应构件相同，冕服中已配了插图，书里只有绛纱袍、中单两幅插图（图1-39）。

文献以及其中的图像之外，朝鲜的远游冠服还见于朝鲜国王的画像也就是御真上。御真是朝鲜特有的汉字词，专门用来指代朝鲜国王、王妃的肖像画，又可称为御容。历代朝鲜国王原先都画有御真，但由于战乱、火灾等情形传世的仅是极少部分，而且

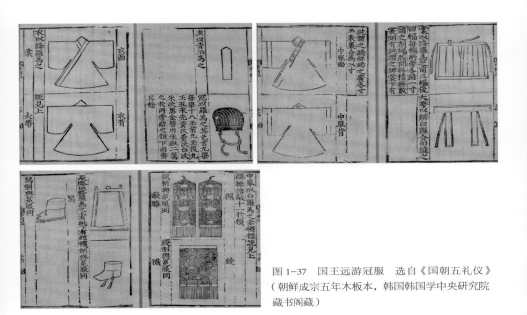

图 1-37　国王远游冠服　选自《国朝五礼仪》（朝鲜成宗五年木板本，韩国韩国学中央研究院藏书阁藏）

图 1-38　王世子远游冠服　选自《国朝续五礼仪补》（朝鲜英祖二十七年写本，韩国韩国学中央研究院藏书阁藏）

图1-39　绛纱袍、中单　选自《大韩礼典》（光武元年以后写本，韩国韩国学中央研究院藏书阁藏）

大多也残缺不全。这些御真所用的冠服原有冕服、远游冠服、常服、军服、便服等多种版本，但并不是所有的都能传世。目前可以见到远游冠服的是纯祖、哲宗的御真。纯祖的两轴御真上都用了远游冠服但皆残损过甚（图1-40），不过如果将两轴拼合在一起，倒也还能大致窥见当时远游冠服的制式。哲宗穿用远游冠服的御真则残缺得更多（图1-41），只能知道用的是远游冠服，难以得到更为详细的信息。画像之外，由于近代摄影技术的发明和传入，大韩帝国及日帝强占时期，高宗、纯宗父子还留有众多的照片。在这些照片中，就有不少高宗、纯宗穿戴通天冠服的影像（图1-42）。这些照片，有的后来又成为绘制御真的依据，现存的一轴高宗穿戴通天冠服的御真（图1-43），就是按照相同的照片绘制的。难得的是，韩国目前还有一顶远游冠实物传世（图1-44），相传原为义亲王所有。不过按照这顶远游冠的制式，和明代的皮弁乃至朝鲜末期的远游冠都已相去甚远，差别明显。

三、琉球的皮弁服

万历二十年（朝鲜宣祖二十五年，日本天正二十年，1592）四月十二日，以玄苏、小西行长、加藤清正、宗义智为首的日军大举入侵朝鲜。当天一早，从日本对马大浦出发的七百多艘战舰向朝鲜进发，傍晚时分就抵达了朝鲜釜山。此前，刚统一日本不

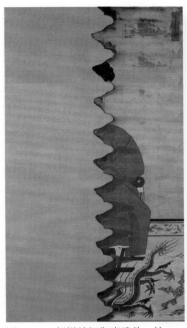

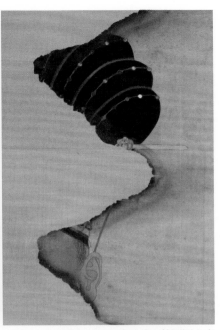

图 1-40a　朝鲜纯祖御真残件　韩 国国立古宫博物馆藏

图 1-40b　朝鲜纯祖御真残件　韩国国立古 宫博物馆藏

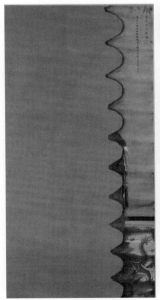

图 1-41　朝鲜哲宗御真残件　韩 国国立古宫博物馆藏

图 1-42　朝鲜高宗旧照　韩国国立古宫博物馆藏

图 1-43　朝鲜高宗御真　韩国
国立古宫博物馆藏

图 1-44　（传）义亲王远游冠　韩
国殉道者博物馆藏

久的丰臣秀吉借口向朝鲜借道入明朝贡，遭到朝鲜严词拒绝，于是就有了日本的大规模入侵。这时的釜山金使郑拨正在绝影岛狩猎，没来得及回到釜山镇守，当晚釜山就被日军攻破。后来，郑拨也死于乱军之中。第二天，日军又攻陷釜山北部的东莱府城，府使宋象贤组织抵抗后也惨死。由于这时候的朝鲜已将近两百年没有战事，武备废弛，仓猝之间不能应战，日军兵锋所指，无不披靡，金海、密阳等府接连陷落，庆尚一道的朝鲜军队望风奔溃。五月初三日早上，朝鲜王京汉城被攻破。而国王宣祖在听到忠州溃败的消息后，已在四月三十日仓皇出奔平壤。五月二十八日，追击而至的日军在临津江之战中击败朝军，次日攻陷开城。六月十五日，日军攻入平壤，宣祖被迫流亡至中朝边界的义州。至此，开战仅短短两月，朝鲜三都（王京汉城、松京开城、西京平壤）均已沦陷，八道残破，国王宣祖西狩，形势岌岌可危。开战之初，朝鲜就向明朝乞求增援，明朝以字小之仁，决意派兵援助朝鲜，几经战和，克复三都，战局改观。到了万历二十六年丰臣秀吉病亡，遗命撤军，朝鲜王业中兴，藩邦再造。在这中间，由于明军和日军相持不下，曾议封贡，也就是计划明朝封丰臣秀吉为日本国王、丰臣秀吉则向明朝称臣纳贡。万历二十三年，礼部范谦奏请赏给丰臣秀吉皮弁冠服、纻丝等项及诰命、敕书、印章，朝廷准封丰臣秀吉为日本国王并赐给冠服、龟钮金印。明朝颁给丰臣秀吉的敕书中，也提到"赐以金印，加以冠服"。

明朝颁给丰臣秀吉的敕书，现在仍然存世，藏于日本宫内厅（图1-45）。敕书的最后详细开列了给赐冠服的内容，其中提到的皮弁冠服有旒珠、金事件全备的七旒皂绉纱皮弁冠一顶，附有圭袋的玉圭一枝，大红素皮弁服一件，素白中单一件，纁色素前后裳一件，玉钩全备的纁色素蔽膝一件，金钩、玉玎珰全备的纁色妆花锦绶一件，红白素大带一条，大红素纻丝舄一双，袜一双。丰臣秀吉死后，包括明朝赐给的这批衣物在内的丰臣秀吉

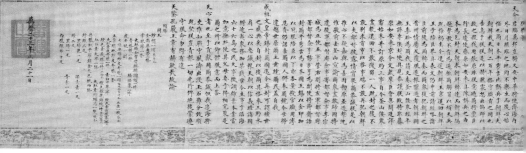

图1-45 明神宗敕谕 日本宫内厅图书寮文库藏

遗物入藏丰国神社，后来又被收藏在妙法院中。两百多年后，由于担心年深日久而英雄的服章、武器、文具及杂器等朽烂，妙法院的法印大僧都真静等人"缩写其形状，校识其分寸，以传诸府下焉，图成而属剞劂"，将这些遗物测量尺寸、记录文字、绘制图像，编为《丰公遗宝图略》一书，并在天保三年（清道光十二年，1832）刊行。全书分上下卷，每件遗物先以文字描述，然后配以插图。序中所称的"韩人物件"也就是明朝赐给的冠服，而当时日本人以为是朝鲜服饰。明代所赐冠服见于卷下，分为青玉佩一副二挂、朝鲜人衣六件、裳二件、衣二件、袜子一双、履二双，每项各有配图，"朝鲜人衣"且具衣身、衣背两张插图（图1-46）。

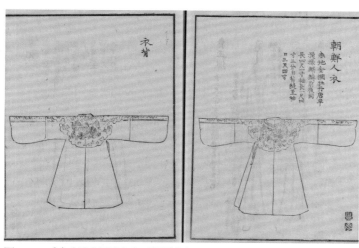

图1-46 《丰公遗宝图略》之"朝鲜人衣"

朝鲜人衣这一称呼之外，丰臣秀吉的这些衣物在后世还有韩人装饰、朝鲜国王装束等叫法。这批衣物在入藏妙法院后，历年皆有晾晒，以防虫蛀。江户早期的妙法院主僧尧恕法亲王在他的日记里就有历次晾晒的记载，但多记为供奉装束、太阁装束、太阁唐人装束、太阁秀吉公装束、秀吉装束、唐人装束，当时并未认为是朝鲜人的衣物。后来称之为朝鲜人衣、韩人装束，大概与赴日的朝鲜通信使有关，同时也反映出江户时代后期日本人对明朝认知上的隔膜，以致完全认不出明朝衣冠。明治十三年（清光绪六年，1880），明治天皇驾临妙法院，参观了以往被认为是"妙法院韩人装束藏物"的丰臣秀吉的这些衣物，但也并未引起重视。直到1971年，日本汉学家大庭脩研究指出，这些衣物就是明朝颁赐丰臣秀吉的遗物。1978年，服饰学家杉本正年进一步确认，这些衣物不是朝鲜人衣，而是明朝服饰。对照明朝颁给丰臣秀吉的敕书，部分遗物见于敕书后面所列的清单。幸运的是，丰臣秀吉的这批遗物目前仍有十五件（双）存世（图1-47）。

　　比照明朝颁给丰臣秀吉的敕书，明朝敕封丰臣秀吉为日本国王并授予金印、冠服，援引的是册封琉球国王的成例。琉球王国也深受明朝冠服的影响。明朝立国之初，琉球就已在朝贡之列，当时的琉球还没有统一，分为中山、山南、山北三个王国。后来山南、山北两国被中山吞并，琉球于是被用来指称中山王国。琉球的受赐冠服，始于三山时代，也就是三个王国分立的时代，中山王察度请求赐给冠服，明太祖认为中山王"彼外夷能慕我中国礼义"，实在值得鼓励褒奖，于是命令礼部绘制冠带图样送给琉球。后来，察度遣使臣亚兰匏等入贡谢恩，再次请求给赐冠带，明太祖下令如制赐予。此后每当琉球新王继位之际，明朝都会赐给琉球国王（中山王）皮弁冠服和常服，这在琉球官方修纂的历代外交文书汇编《历代宝案》中都有详细的记录（图1-48）。这些颁赐琉球国王冠服的敕谕，往往也见于当时出使琉球执行册封

图1-47 明朝颁赐丰臣秀吉皮弁冠服中的绛纱袍、中单、裳、玉组佩、舄 日本妙法院藏

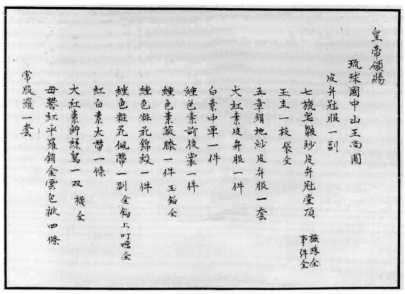

图1-48　明朝皇帝敕谕　选自《历代宝案》（台湾开明书局，1972）

任务的册封使的出使记录中。如陈侃的《使琉球录》（嘉靖十一
年出使）、萧崇业的《使琉球录》（万历四年出使）、夏子阳的
《使琉球录》（万历三十一年出使）中，都详细记录了册封琉球国
王颁赐的皮弁冠服和常服。

　　文献之外，琉球的皮弁冠服还有一些相关的图像，这主要
见于历代琉球国王的画像。这些肖像画上多数用的就是皮弁冠服
（图1-49），尽管绘制年代都相对较晚，并且由于时间的推移琉
球的皮弁冠服也有自身的发展，但画中所见的冠服仍是明显的明
代制式。琉球的皮弁冠服同样并不仅见于文献和图像，也有实物
留存。现在的琉球故地也就是冲绳地方还有一些皮弁冠服相关的
实物。如那霸市历史博物馆就至少藏有皮弁一顶、皮弁服一件、
裳一件。皮弁在具体的做法如金珠等的装饰上较为粗犷，但仍保
存着明代皮弁的形制，在外形上并没有太大的差别（图1-50）。

图 1-49　琉球国王尚灏像　日本东京艺术大学日本画研究室复原

图 1-50　皮弁　日本那霸市历史博物馆藏

皮弁服的成衣年代由于已在清代，衣料或许也是用的清朝赏赐的料子，所以与明代皮弁服中所用的绛纱袍有所出入。另外，蔽膝钉缀在皮弁服上的做法，也明显地和明代皮弁服存在差距（图1-51）。至于裳，则通体均用绛色，仅腰间装饰白色，与明代制式差别不大（图1-52）。这些实物均由尚氏后裔捐献，原本就是琉球王室所用之物。从中可见，尽管已在明代之后，但其制式也还大体保有明代样式。

图1-51　赤地龙瑞云嵝山文样繡珍唐衣裳（皮弁服）　日本那霸市历史博物馆藏

图1-52　裳　日本那霸市历史博物馆藏

第三节　常服

一、明代的常服

永乐二十二年（1424）七月十八日，明成祖朱棣在第五次亲征瓦剌回师途经榆木川时病逝。虽然当时早已册立储君，但汉王朱高煦一直是帝位有力的竞争人选，皇太子朱高炽也不在皇帝身边，而六师在外，皇帝驾崩的消息很可能会让军心不稳。随驾的太监马云于是与大学士杨荣、金幼孜等人商定秘不发丧，遵照古礼将死去的皇帝殓袭后，还用皇帝生前用的龙舆载着，每天早晚按照皇帝活着时的样子给皇帝提供饭食。第二天，在龙舆暂停双笔峰的时候，杨荣、御马监少监海寿将皇帝驾崩的消息经由驿马快速告诉给了皇太子。八月初一日，龙舆暂驻开平。八月初二日，杨荣、海寿将皇帝的遗命告知皇太子，皇太子、皇太孙、亲王等都恸哭并准备皇帝丧礼。同时，皇太子命令皇太孙亲自去开平恭迎大行皇帝的龙舆，并选派精壮马队加强京师守备。八月初七日，龙舆暂驻雕鹗，皇太孙到御营哭迎，军中将士这才知道皇帝已经驾崩，八月十四日，在文武群臣、军民、耆老的几番劝进下，皇太子朱高炽在北京顺利继位，这也就是后来的明仁宗。八月二十二日，明仁宗派内官给他的两位兄弟汉王朱高煦、赵王朱高燧送明成祖生前的冠服作为纪念。在这些冠服中，有皂纱冲天冠、纻丝衣、纱衣、罗衣等物品，无疑属于明初皇帝的常服。

帝王的常服，是等级、礼制次于冕服、皮弁服而又穿着范围较广的礼服，皇帝常朝视事、日讲、省牲、谒陵等场合都穿用常服。帝王的常服制度，是明太祖于洪武元年制定的。洪武元年，明太祖下诏制定皇帝以下的冠服制度，皇帝常服，帽子用乌纱折角向上巾，衣服是盘领窄袖袍，腰间束带，带板的材质用金、玉、琥珀、透犀，皇太子常服同样也是乌纱折上巾等。文献记载当时制定的诸王冠服中虽然没有提到常服，但大致应该跟皇太子用的差不多。帝王常服制度，建文二年又有改定。永乐三年，更定常服制度，乌纱折角向上巾改名翼善冠，并对袍、带、靴作了细化的规定。翼善冠，仍以乌纱冒覆、折角向上，自皇帝以至皇太子、亲王、世子、郡王都一样。袍仍作盘领窄袖，但皇帝服色用黄，皇太子以下都是红色，前后及两肩各金织盘龙一条。革带的带板都用玉，靴的材质是皮。亲王的冠、袍、带、靴，与皇太子一样，世子、郡王的冠、袍、带、靴，也和亲王的一样。

明代帝王完整的一套常服由翼善冠，衮龙袍、褡襦、贴里，革带，袜、靴组成。这一套常服的完整组成，见于《承天大志》等书。《承天大志》一书详细记录了嘉靖元年和嘉靖十七年完整的一套皇帝常服，在罗列出的衮龙袍（四团龙袍）、褡襦、贴里后面，都用小字特意标注出"以上三件为一套"的字样（图1-53）。明代帝王的常服与文武百官的常服在形制及搭配方面大

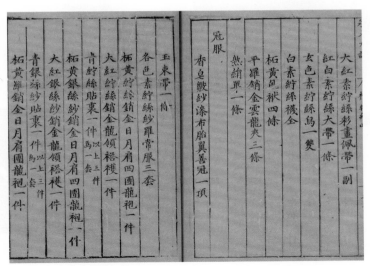

图1-53 《承天大志》之"冠服"

体相同，仅是在名称和装饰上稍有区别。帝王用的是翼善冠，品官则是乌纱帽，两者前屋、后山大抵相同，同样敷以乌纱，只是翼善冠帽翅上折冲天；帝王用的衮龙袍，品官则是圆领袍，只是衮龙袍前胸后背及两肩装饰团龙，颜色也和品官的圆领袍有区别；其余革带、靴等大体只是材质、颜色上的差别。明代品官常服中有圆领、褡褳、贴里这三样，帝王常服也是三者俱全。早年鲁荒王墓曾出土有完整的常服，其中翼善冠、衮龙袍、褡褳、贴里、革带俱全（图1-54），是目前可知的明初亲王完整的成套常服。另外，明代皇帝御容上，如明成祖御容上看到的，衮龙袍之内是交领的红色衣物，而袖口处只见红色衣物内里青色衣物的袖口（图1-55）。从中也可以知道红色衣物的袖子要比青色衣物短，红色衣物应该就是褡褳，青色衣物就是贴里。不过，发展到后期，褡褳、贴里也变得不再是必需。

图1-54　鲁荒王翼善冠、衮龙袍、贴里、革带　山东博物馆藏

图1-55　明成祖坐像轴　台北故宫博物院藏

　　明代帝王衮龙袍，上面装饰的龙纹都是团龙，原作二团或四团，后来又有八团、十二团，并且装饰有十二章纹样。明代皇帝御容上所见，明英宗以后的历代皇帝穿着的衮龙袍上都装饰有十二章纹样。十二章原是用在冕服中的纹饰，此前并未在皇帝的御容上见到，制度中也没有提及。这类衮龙袍明神宗的定陵里出土较多，有的还自带墨书标签和绣出的文字。如红缂丝十二章福寿如意衮服（图1-56），就自带墨书"万历四十五年衮服一套收口"，及小襟内侧的绣字"万历三十二年十一月初二日造，长四尺一寸，夹合"。根据墨书，可以知道明末的人称呼这类衮龙袍为衮服。衮服，在明代原指帝王冕服中的上衣。对于这类衮服的礼仪属性，有人认为还是常服，也有人认为不是常服，而是高于常服却又低于冕服的一种礼服，是皇帝的寿服。除了定陵的出土实物之外，这类衮服袍料的相关制品或残件，国内外的博物馆里还有个别收藏。西藏博物馆藏有一件褚巴，明显是清代时用明代

图1-56 红缂丝十二章福寿如意衮服 北京市昌平区数字博物馆藏

的衮服袍料裁制的，左右两肩上的日、月二章还十分明显。日本京都国立博物馆藏有一件缂色衮服袍料的残件，上面的藻、火、粉米、黼、黻五章清晰可见，明显是衮服的下半部分。

衮龙袍以及装饰有十二章的衮服之外，帝王常服中还有比较素雅的一类。如果遇到皇帝、后宫妃主薨逝等凶礼场合，以及谒陵、告祷、祭祀、省过，帝王常服所用的颜色和装饰会有所不同。圆领一般以没有纹样的素缎制成，上面也不再装饰团龙胸背。这类圆领也就是史书上记载的浅色衣服、淡浅色服（或作浅淡色服），又称素服。与此配套，穿着这类衣服时用的革带多为黑犀带。之所以这么搭配的原因，主要是上述场合不宜衣着华丽。《明英宗实录》里面就曾提到明英宗对行在礼部大臣发布的谕旨，说是"山陵祭祀，哀戚存焉，服饰华丽，岂礼所宜"，并提到从今以后每当遇到孝陵、长陵、献陵、景陵行礼的日子，皇帝和百官都照洪武、永乐年间的旧例穿用浅色衣服。故宫博物院藏的《徐显卿宦迹图》中的第二十一开"岁祷道行"一页，描绘的是明神宗为缓解京师旱情，决意步行赴天坛求雨的情景。图中明神宗"圣容俨然若思，穆然若深省"，与文武官员、宦官一律青衣角带，所穿的正是淡浅色服（图1-57）。至于明代帝王的常服实物，主要见于考古发掘，明神宗定陵、鲁荒王墓、益宣王墓（图1-58），其中都曾有相关实物出土。

图1-57　《徐显卿宦迹图》之岁祷道行　故宫博物院藏

图1-58　益宣王衮龙袍　江西省博物馆藏

二、朝鲜的常服

正统九年（朝鲜世宗二十六年，1444）三月二十六日，朝鲜的谢恩使柳守刚从明朝北京回到汉城，带回了皇帝的敕书以及赏赐朝鲜国王的冠服，王世子和群臣到城外的五里亭迎接。在敕书里，明英宗对朝鲜作为明朝藩属一直以来的事大之诚表示赞赏，又表示相比其他藩属朝廷一直对朝鲜比较优待，所以趁着朝鲜使臣柳守刚要回国的时机，特别赏赐朝鲜国王冠服，以示优礼厚待之意。敕书最后，详细开列了赏赐朝鲜国王的明朝亲王等级的常服，包括香皂皱纱翼善冠一顶，玉带一条，袍服三袭各三件，其中纻丝的一套，内含大红织金衮龙暗骨朵云袍、青暗花褡褛、黑绿暗花贴里各一件；纱的一套，内含大红织金衮龙暗骨朵云袍、青暗花褡褛、鹦哥绿花贴里；罗的一套，内含大红织金衮龙袍、青素褡褛、青素贴里，另外还有皂鹿皮靴一双。这一套朝鲜国王的常时视事冠服，是应朝鲜的奏请与冕服一同赏赐的。此前的中国使臣出使朝鲜时曾指出朝鲜国王用的翼善冠上的折角（冲天角）体制失真，所以在向明朝奏请冠服的时候就请将常服一同赐给，因此也就有了这次亲王等级常服的赏赐，这也是明朝第一次赐给朝鲜国王亲王等级的常服。

常服，在朝鲜王朝是国王、王世子、王世弟、王世孙穿用的等级、礼制次于冕服、远游冠服的礼服，国王常朝视事等场合穿用常服，王世子、王世孙则将常服作为书筵服、讲书服。可以说，常服也是朝鲜宫廷服饰中穿着范围最广的一类小礼服。朝鲜国王的常服，早期的制度并不十分清楚，但应该与明朝亲王的常服制度差不多，大体上也是头上用乌纱折角向上巾，衣服用盘领窄袖袍，腰间束带，带板材质用金、玉、琥珀、透犀等。韩国国立古宫博物馆藏的朝鲜太祖李成桂的御真大体上能反映朝鲜初期的样式（图 1-59）。御真上衮龙袍作红色，衣身下摆处露出绿、

图 1-59　朝鲜太祖御真残件　韩国国立古宫博物馆藏

青两种颜色的衣物，应是褡襩和贴里，其用色也能和正统九年赏赐朝鲜国王常服的颜色对应。朝鲜世宗时期既有明朝颁赐亲王等级的常服，毫无疑问应该也是用的明代制度。《朝鲜世宗实录》所附《五礼》里面还详细记载了各种穿用常服的场合。顺治五年（朝鲜仁祖二十六年，1648），又议定王世孙常服用黑色衮龙袍，龙补作方形，两肩上不装饰龙补，束带用水晶带。朝鲜国王、王世子、王世孙的这一套常服制度，后来被详细地记载于《国朝续五礼仪补》（图1-60）。朝鲜王朝升格成大韩帝国后，又有皇帝、皇太子的常服，但《大韩礼典》称其为翼善冠服，用于降诏、降香、进表、朝觐等场合。《国朝续五礼仪补》以图文形式记录朝鲜国王、王世子、王世孙的常服，《大韩礼典》中的皇帝、皇太子的翼善冠服同样也是以图文形式呈现的（图1-61）。

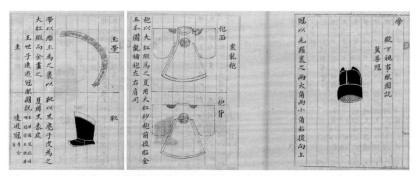

图1-60　国王常服　选自《国朝续五礼仪补》（朝鲜英祖二十七年写本，韩国韩国学中央研究院藏书阁藏）

图1-61　翼善冠服　选自《大韩礼典》（光武元年以后写本，韩国韩国学中央研究院藏书阁藏）

和明朝一样，朝鲜国王等人完整的一套常服最初也是由翼善冠，衮龙袍、裙褡、贴里，革带，袜、靴组成的。这一套常服的完整组成，见于《朝鲜世宗实录》及其所附的《五礼》等书。当然，由于时间的推移，宫廷里所用常服的一套完整组合并非一成不变，裙褡、贴里在后期不再是必须的组成部分，明末的情形同样也是如此。不仅如此，因其自身的发展，朝鲜国王等人常服中的构件也产生自身独特的形态。如翼善冠，按明朝制式，折角原为一对，缀于后山的底部，尖角冲上。而朝鲜后期的样式，则是有两大两小的两对折角，折角装饰的部位也在上移，而且还变得宽大，不像原先那么尖窄。英祖时期编纂的《国朝续五礼仪补》中的规定，就已经和明朝制式拉开差距。这种变化，在英祖的御真上能看得更为具体（图1-62）。翼善冠原先都是用的黑色，到

图1-62　朝鲜英祖御真　韩国国立古宫博物馆藏

了朝鲜末期又有红色、紫色等颜色，呈现出更为多样的变化。现藏韩国世宗大学博物馆传为高宗的翼善冠一顶，就是红色，而分藏于韩国国立古宫博物馆和日本东京国立博物馆原属英亲王的翼善冠各一顶，则作紫色（图1-63），反映出的就是朝鲜自身的发展。

文献的记述及其图绘之外，朝鲜国王等人所用的常服还有不少影像和实物留存。历史上，历代朝鲜国王都曾绘制御真，尽管现今存世的数量并不是很多，但在传世的朝鲜国王画像中，最为常用的冠服就是常服。至今被韩国奉为国宝的朝鲜太祖李成桂的御真，用的就是常服，而且衮龙袍上的龙纹与明初的团龙纹样较为接近。世祖、肃宗、英祖、纯祖、高宗、纯宗诸位国王也都有穿着常服的御真传世（图1-64）。由于摄影技术的发展传入，现

图1-63 英亲王翼善冠 韩国国立古宫博物馆藏

图1-64 朝鲜世祖御真稿本 韩国国立古宫博物馆藏

今存世的还有一批高宗、纯宗、英亲王等人穿着常服的照片（图1-65）。此外，韩国国立古宫博物馆等机构还藏有不少英亲王等人的常服实物，其中既有翼善冠、衮龙袍（图1-66），也有革带（图1-67）、靴、袜等物品。根据这些影像和实物，可知朝鲜末期国王等人的常服已和明代制度存在不小差别。不过总的来说，明代的印记仍旧十分明显。

图 1-65　朝鲜高宗旧照　韩国国立古宫博物馆藏

图 1-66　英亲王衮龙袍　韩国国立古宫博物馆藏

图 1-67　英亲王玉带　韩国国立古宫博物馆藏

三、琉球的常服

万历二十二年（日本文禄三年，1594）十一月初五日，明朝下令日本降伏使内藤如安（即小西飞，时为小西行长家臣，任飞驒守）到京，住在朝阳门外成国公的庄房内，让沈惟敬馆伴料理。同时，定下册封丰臣秀吉为日本国王的基调，朝见、册封、遣使等礼仪，都按照朝鲜、琉球事例。十五日，经略孙鑛招内藤如安入朝。十二月初七日，内藤如安抵达北京，十一日，于鸿胪寺习礼，十四日朝见明神宗。礼部原计划封丰臣秀吉为顺化王，后来奉旨准封日本国王。十二月三十日，任命李宗城为正使、杨方亨充副使，前往釜山册封，沈惟敬一同前往。万历二十三年正月初七日，下令赏给册封用的诰命、敕谕、金印、冠服等物（图1-68）。正月三十日，册封使一行从北京出发，四月底到达朝鲜王京汉城，并在十一月末抵达釜山。可就在万历二十四年四月，正使李宗城却擅自脱逃，于是明朝改命杨方亨为正使、沈惟敬为副使，并重新下令制作册封文书。杨方亨为等待重新制作的册封文书滞留釜山，沈惟敬则先于杨方亨渡海去了日本，并在六月二十五日在伏见城谒见了丰臣秀吉。九月初二日，明朝册封使一行终于登上大坂城举行册封典礼，顺利地完成了对丰臣秀吉的册封。此前，丰臣秀吉治下的日本入侵朝鲜，明军应朝鲜的请求入朝参战。后来因为平壤之战和碧蹄馆之战，明、日两军相持，于

图1-68 明朝颁赐丰臣秀吉的诰命（局部） 日本大阪市立博物馆藏

是在日本小西行长和明朝沈惟敬之间展开和谈。其间，假冒的日本降伏使内藤如安等人从釜山被派往明朝，沈惟敬也将伪造的丰臣秀吉的降书呈递给了朝廷。于是，也就有了这次册封。

典礼上，据说丰臣秀吉恭敬地领受了明朝颁赐的诰命、敕谕、金印、冠服等物，并立即将明朝颁赐的常服穿在了身上。据当时耶稣会士路易斯·弗洛伊斯的记录，册封典礼上丰臣秀吉还为穿着明朝的常服退入了别室。而据当时跟随册封使到了日本的朝鲜通信使的记录，丰臣秀吉的部下如德川家康、上杉景胜等四十人也穿着明朝的常服和玉带接受了明朝的官职。当然，关于册封典礼上的情形，明朝、日本、朝鲜三方的记录多少也有些出入。日本后世的一些史书如《日本外史》《征韩伟略》等书甚至刻意矮化明朝册封使的形象，说是正副使杨方亨、沈惟敬慑服于丰臣秀吉的威严，在册封时颤栗不止乃至跪着行进，需要小西行长的帮助才能成礼。更夸张的是在册封使宣读明朝皇帝的敕谕"封尔为日本国王"时，丰臣秀吉勃然大怒，立即脱下明朝的衣服，甚至把敕谕给撕了，并说自己掌握日本，想当国王就当国王，哪轮得到要明朝来册封。不过，与此相反，在杨方亨、沈惟敬呈递给明朝兵部的禀帖里，典礼上的丰臣秀吉恭恭敬敬，带领部下行了五拜三叩头礼，并效仿汉语，三呼万岁，对着北京宫阙的方向谢恩，一一如仪。明朝颁给丰臣秀吉的敕书、诰命现在都还传世，并且保存完好，这至少表明丰臣秀吉在接受册封时并未撕毁明朝的敕谕。

明朝册封丰臣秀吉为日本国王的敕书最后，详细开列了颁赐给国王的各样衣物，其中一套属于常服。这套常服包括乌纱帽、金镶犀角带，罗质的常服一套，内有大红织金胸背麒麟圆领一件、青褡𧙗一件、绿贴里一件。丰臣秀吉这套常服中的圆领、贴里、靴（图1-69），现在均有留存，而且品相完好，连同其他衣物一同被收藏于京都的妙法院中。当时与丰臣秀吉一道获赐明朝

图 1-69　明朝颁赐丰臣秀吉的圆领、贴里、靴
日本妙法院藏

冠服的还有诸多大名。其中上杉景胜获赐的冠服也相对完好地保存了下来，现藏于米泽上杉神社中。上杉景胜的这批冠服包括乌纱帽一顶、圆领一件、金镶玉麒麟带一围、靴一双（图1-70）。比照明朝颁给丰臣秀吉的敕书，明朝册封丰臣秀吉为日本国王的规格，参照的是册封琉球国王的成例。也就是说，明初册封足利义满为日本国王，当时相当于明朝亲王等级，而明末册封丰臣秀吉为日本国王，用的只是郡王等级。琉球王国在臣属明朝期间，明朝赐给的皮弁冠服是明朝郡王等级的冠服，而常服则是一品官员级别所用的衣冠。而明代官员所用的乌纱帽大体无甚差别，革带仅是带铐的材质有所差异。由此，日本国王丰臣秀吉的乌纱帽和革带应该与上杉景胜的差不多。进而可知，琉球国王的常服，与丰臣秀吉、上杉景胜的常服也应该颇为相似。

琉球国王继位之初，明朝均会派出使臣册封并颁赐冠服，这些附有颁赐冠服的敕谕也一一都被收录在《历代宝案》之中。现

图1-70　明朝颁赐上杉景胜的乌纱帽、圆领、革带、靴　日本上杉神社藏

存历代琉球国王画像的旧照上，琉球国王穿的都不是常服，但琉球王子的画像上可以见到穿着常服的样子。现存尚恭浦添王子朝良的画像上，琉球王子就是头戴乌纱帽，身着圆领，腰系束带，脚踏靴（图1-71），穿戴的完全是明朝品官完整的一套常服。只看画像，如果不说是琉球王子的画像，毫无疑问会认为是明朝官员的肖像。值得注意的是，琉球王子圆领上的补子，跟琉球国王用的一样，也是麒麟。琉球王子常服圆领上用麒麟补子，这在

图1-71　琉球尚恭浦添王子朝良复原像

明朝灭亡后于乾隆年间编绘的《冠服图帐》中也有表现。《冠服图帐》附有王子衣服上的"补子之图"一张，其图样也正是麒麟（图1-72）。同样见于《冠服图帐》的还有琉球国王的乌纱帽（图1-73），图上的乌纱帽帽翅上翘，与明代乌纱帽的样子略有差别，已然是琉球后期的样式。文献与图像之外，日本那霸市历史博物馆中还藏有玉带一围，带鞓用蓝色，缀有二十块玉带板，带板上琢有龙纹并描金（图1-74），在形制上和明代常服用的革带形制完全一致。馆中所藏还有靴一双（图1-75），厚底高勒，和明代样式的靴差别明显。这些实物原是尚氏后裔的捐赠，早先应该属于琉球国王常服中的组成部分。

图1-72 王子衣补子之图 选自《冠服图帐》（乾隆三十年彩绘本，日本那霸市历史博物馆藏）

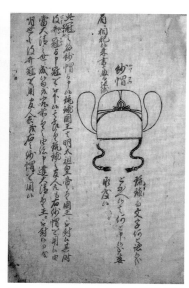

图1-73 国王纱帽 选自《冠服图帐》（乾隆三十年彩绘本，日本那霸市历史博物馆藏）

图1-74 玉带 日本那霸市历史博物馆藏

图1-75 靴 日本那霸市历史博
物馆藏

第四节 翟衣

一、明代的翟衣

洪武四年四月二十六日，明太祖册封开平忠武王常遇春的长女常氏为皇太子妃。册礼之前，礼部官员参酌唐宋皇太子纳妃六礼，向明太祖上奏拟定的礼仪。明太祖看过之后，降下谕旨，认为贽礼可不用笄但用金盘，翟车用凤轿替代，奠雁所需的雁用玉来制作。这是明朝开国后第一次册立皇太子妃，因此明太祖也希望趁此"定为一代之制"。明太祖对礼部拟定的礼仪作了改定后，最终成为定制。同时确立的，还有皇太子妃的冠服制度。册礼时，皇太子妃的冠服用九翟四凤冠、九等翟衣。皇太子妃常氏的父亲开平王常遇春，是明朝的开国功臣。吴元年（1367）十月十七日，时为吴王的朱元璋下令北伐，徐达是征虏大将军，常遇春是副将军。洪武元年八月初二日，大将军徐达率军攻占元大都，元顺帝逃至元上都开平，试图东山再起。洪武二年六月初四日，功臣庙建成，明太祖下令排列二十一位功臣的功劳次第，徐达排名第一，常遇春则被列为第二。六月十七日，常遇春等人攻克开平，元顺帝逃至应昌府。七月初七日，常遇春在行军至柳河川时突然病逝，后被追封开平王。十月初九日，敕葬常遇春于南京钟山的北面。由于常遇春很早就和明太祖为他们的儿女定有婚约，皇太子朱标还和常氏同龄，所以即便在常遇春逝世后，他的长女也被册立为皇太子妃。钦定的皇太子妃的冠服，用的是九等翟衣，对应的是皇太子的九章冕服。

礼服是明代皇后、皇妃、皇太子妃、亲王妃、世子妃、郡王妃所能穿用的等级最高、礼制最隆的装束。洪武元年，规定皇后在朝会、受册、谒庙，以及皇妃、皇太子妃、亲王妃在受册、助祭、朝会诸大事的场合需要穿着礼服。洪武五年，又定内命妇礼服。建文二年，定皇太子妃礼服用一凤九翟冠、翟衣，亲王妃及以下不用翟衣，以大衫、霞帔作为礼服。永乐三年，改定皇后、皇妃、皇太子妃、亲王妃、世子妃、郡王妃礼服，仍定皇太子妃礼服用九翟四凤冠、翟衣，皇妃、亲王妃、世子妃、郡王妃等不用翟衣。明代后妃礼服，洪武制度，皇后九龙四凤冠，皇妃、皇太子妃、亲王妃九翟四凤冠。皇后用袆衣，皇妃、皇太子妃、亲王妃用翟衣。洪武制度后妃、建文制度皇太子妃及永乐改制后的皇后、皇太子妃礼服，完整的一套由玉圭、凤冠、翟衣、中单、蔽膝、大带、革带、绶、玉组佩、袜、舄等组成，而翟衣无疑是礼服中最为重要的组成部分，所以有时也称翟服。这套礼服的完整组成，既见于《明实录》，也见于《大明会典》《明宫冠服仪仗图》《承天大志》等书（图1-76）。

翟衣的渊源很早，因衣服上装饰的翟鸟而得名。古代就有三翟，都是作为祭服使用的。《周礼》记载内司服职掌王后的六种衣服里，有袆衣、揄狄、阙狄、鞠衣、展衣、缘衣，素纱，狄也就是翟，前三种就是翟衣。这在郑玄为《周礼》所作的注中、贾公彦的疏里都有提到并作了解说。当然，王后六服，后世也并不都是全部采用的，明代就只用了袆衣、鞠衣两种。洪武元年定的制度里面，皇后袆衣画翟赤质五色十二等，皇妃、皇太子妃、亲

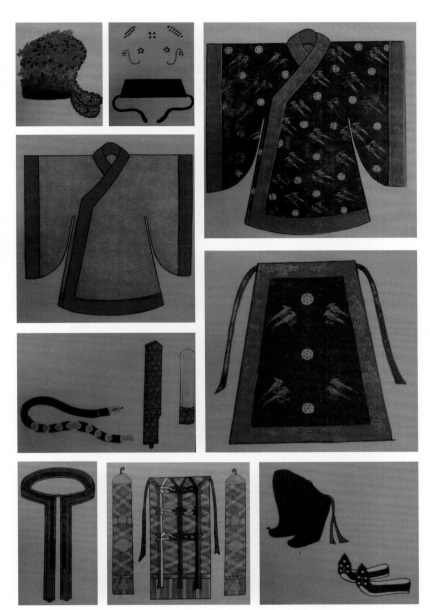

图 1-76　皇太子妃礼服　选自《明宫冠服仪仗图》(北京燕山出版社，2015)

王妃绣翟重为九等，而翟鸟之间又装饰有小轮花。明代翟衣上的装饰，比较明显地受到宋代制度的影响。南薰殿旧藏的宋代皇后像绝大多数都是穿戴凤冠、翟衣的影像（图1-77），可以说跟明代翟衣的形制还是很接近的。

图1-77　宋高宗皇后像　台北故宫博物院藏

实际中与翟衣搭配使用的，还有凤冠。凤冠作为礼服冠并被纳入冠服制度，始于宋代。明代凤冠，跟翟衣一样，显然是沿袭的宋代制式而又略有变化。明代凤冠上的装饰，有翠龙、翠翟、金凤、珠翠云、大珠花、小珠花、博鬓、翠口圈、托里金口圈和皂罗额子，凤冠上装饰着珠宝钿花、翠钿、珍珠、宝石等物品，总体上显得非常华丽。当时凤冠的做法，大体是先用竹篾编出圆球形的冠胎，髹漆，然后内外裱糊罗纱，最后装饰金丝、翠羽制成的龙、凤等物，并镶嵌各式珠花、宝石。根据考古发掘资料，明代礼服上用的凤冠主要是定陵出土的二顶。定陵出土了孝端、孝靖两位皇后的凤冠各二顶，其中作为礼服冠的是孝端皇后的九龙九凤冠和孝靖皇后的十二龙九凤冠（图1-78）。

图1-78　明孝端皇后九龙九凤冠　中国国家博物馆藏

明代实际生活中用到的翟衣实物，考古发掘中其实并没有见到。但定陵出土了大小式样相同的三件所谓的"童衣"，材质为缂丝、纱、罗地各一件，纱质的一件保存较好，其余两件则都已残破不堪。纱衣对襟、直袖、无领，后襟及两袖背面画有银灰色翟纹，后襟三排，两袖各三排，一共画有翟鸟六十二只，每排之间画有小轮花（图1-79）。这件"童衣"应该是当时随葬的属于明器的褕衣，正因其不是实际穿用的衣物，所以尺寸较小。明代皇帝纳后，皇太子、亲王纳妃、纳征所用的礼物里都提到有翟衣三件，值得注意的是，正好也是缂丝、纱、罗地各一件。

另外，元末割据苏州并称吴王的张士诚母亲曹氏的墓里，出土的衣物残片中有罗地刺绣龙纹边饰和罗地青绘龙凤边饰。罗地刺绣龙纹边饰上面绣有行龙，原先应该属于衣服的袖边或下摆（图1-80）；罗地青绘龙凤边饰上面绘制了龙凤纹样，龙凤间有用卷云装饰。考虑到曹氏墓中还有玉圭、玉带、玉组佩、蔽膝一同出土，上面提到的这两件残片原先都应该属于翟衣，是翟衣一类衣物上的边饰。明代翟衣领、褾、襈、裾等地方，同样也是用龙、凤、卷云纹样作为装饰。明代翟衣的图像，还可以在南薰殿

图1-79　纱衣　北京市昌平区数字博物馆藏

图 1-80 罗地刺绣龙纹边饰 苏州博物馆藏

旧藏的明代皇后的半身像上看到。明世宗孝恪皇后（图 1-81），
明穆宗孝定皇后，明神宗孝端皇后，明光宗孝元皇后、孝和皇后
都是穿的翟衣，只是孝恪皇后像上翟衣用的是深青色。

图 1-81 明孝恪皇后半身像 台北故宫博物院藏

二、朝鲜的翟衣

崇祯九年（清崇德元年，朝鲜仁祖十四年，1636），金国汗皇太极称帝，改国号为大清，由于朝鲜不肯臣服，这年年底皇太极亲率大军攻入朝鲜。清军进军迅速，抄近路直逼王京汉城，后又虏获避难江华岛的朝鲜后宫妃嫔、王子，国王仁祖不得已在被困南汉山城四十七天后投降。城下议和之时，清军要求朝鲜派出王子为质，以表诚意。当时，昭显世子自请出城为质，并慷慨地说道：我有弟弟二人，又有儿子一人，可以奉守宗社，即便死于敌人之手，也并无遗憾。事后，清朝要求朝鲜国王以长子并再令一子作为人质，昭显世子由此离开朝鲜北上，入质沈阳。不过在清朝作为人质的这些年里，昭显世子曾与清人一道进入北京，亲身经历了明朝的灭亡，因此不主张与清朝对抗。建州女真崛起之初，当时的朝鲜国王光海君也曾主张务实外交，但后来被尊崇义理的大臣们废黜，并拥立绫阳君李倧也就是仁祖即位。仁祖既由尊崇明朝的大臣们所拥立，而昭显世子则主张倒向清朝，由此君臣父子之间产生隔阂，并最终导致了悲剧的发生。

顺治二年（朝鲜仁祖二十三年，1645）四月二十六日，结束了清朝八年人质生活刚回国两个月的昭显世子病逝于昌庆宫。昭显世子是在突然生病三天后死去的，死的时候身体尽黑、七窍流血，用玄帻覆盖住半个脸后，旁人已完全认不出来，像是中毒而死。昭显世子之死，当时就盛传是被毒杀的，而幕后的真凶通常认为就是他的父亲仁祖。昭显世子死后，葬礼规格明显减杀，和他生前的世子身份并不相称。这年五月，同在清朝作为人质的昭显世子的弟弟凤林大君回国，并在四个月后被立为世子。昭显世子死后一年，他的妻子、原先的世子嫔姜氏涉嫌谋逆被仁祖赐死，三个年幼的儿子也被流放济州岛，其中两个儿子在数年内相继惨死。姜氏谋逆的诸多罪状，其中一条就是还在沈阳作为人质期间，就已预先准备了朝鲜王妃才能穿用的红色翟衣。

明朝建国之初就制定了皇后、皇太子妃等人的翟衣制度。洪武三年，明朝在赏赐高丽国王恭愍王亲王等级的九章冕服之外，还给高丽王妃赏赐了九等翟衣，尽管高丽王妃的整套冠服仅相当于明朝亲王次妃的等级。与翟衣配套的是七翟二凤冠、中单、蔽膝、大带、革带、佩、绶、袜、舄等。据洪武元年制度，明朝外命妇原本也用翟衣，洪武四年下令外命妇不再穿用翟衣，而是以大衫、霞帔作为礼服，洪武五年又定内命妇三品以上用翟衣。由此，朝鲜国王在被明朝承认之初，及后世的朝鲜国王继位接受册封时，明朝也都没有赏赐朝鲜王妃翟衣，而只是赏赐大衫、霞帔。朝鲜王朝前期的文献如《五礼》上虽然记录了各种礼仪上王妃需穿用翟衣，但其形制和具体的组成都不明确。很有可能，朝鲜王朝前期文献中所谓的翟衣只是徒具虚文，实际上还是用的大衫、霞帔。据《朝鲜王朝实录》，朝鲜王朝的翟衣应该是在朝鲜王朝后期的宣祖末年，也就是明末女真人崛起并开始逐渐切断朝鲜与明朝直接联系的过程中才出现的。在没有了明朝赏赐的大衫、霞帔的情况下，朝鲜王朝的翟衣可能才得以实现。

翟衣，是朝鲜王朝后期王妃、世子嫔、世孙嫔穿用的最隆重的大礼服。目前所知，朝鲜最早具体记录翟衣用料、尺寸、装饰及颜色的是《昭显世子嘉礼都监仪轨》（1627年成书），仪轨中记载了当时世子嫔翟衣用鸦青色，衣身上绣有双凤的小团纹三十六个。后来的《仁祖庄烈后嘉礼都监仪轨》（1638年成书）对王妃翟衣的记载更为具体，并且附有相应的插图（图1–82），对双凤的样式及小团纹在衣身上的布列都作了图示，而当时王妃翟衣所用的颜色应该就是红色。昭显世子嫔姜氏分内所用的翟衣应该是鸦青色，用了红色自然属于僭越，所以后来才以此作为罪状之一被赐死。朝鲜翟衣形成制度，还得到英祖时期，《国朝续五礼仪补》（1751年成书）中记载的王妃、世子嫔、世孙嫔的三套翟衣制度，就是朝鲜王朝翟衣制度化的成果。在《国朝续五礼

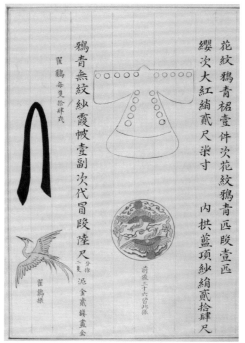

图 1-82 《仁祖庄烈后嘉礼都监仪轨》之"王妃翟衣"

仪补》中，王妃、世子嫔翟衣前胸后背各装饰有金绣五爪、四爪圆龙补，世孙嫔翟衣则用金绣三爪方龙补，衣身前后的补子之下都绣圆翟，一共是五十一个。仁祖朝翟衣用的是双凤小团纹，数量一共是三十六个，而定制后的翟衣用的是圆翟，数量是五十一个。值得注意的是，定制后的翟衣，衣身后片要比前片长，似又受到大衫的影响。朝鲜王朝升格为大韩帝国后，又取《大明会典》制度定制了皇后、皇太子妃的翟衣，这两套翟衣制度也被记载在《大韩礼典》中，但实际的穿用却与制度上的记载有较大的出入。

宋明制度，与翟衣搭配的都是凤冠。不过在朝鲜王朝，凤冠与大衫搭配穿戴，且限于等级只称翟冠，而且都是明朝赏赐。关于翟冠，还有一则逸事，说的是景泰年间明朝赏赐的翟冠狭小又附带一些簪子，朝鲜宫中不知道如何穿戴。朝鲜于是派宦官田畇询问，明朝的使臣尹凤等人回答：头发梳起从顶后分为左右两股相结，上作丫髻，将翟冠戴上然后插戴簪钗就行。田畇又问宝钿等物用在什么地方，尹凤等人回答从两肩垂于身前，又说首饰可以问从明朝回到朝鲜的女婢们。朝鲜后期用翟衣后，原本计划用的也是翟冠，不过当时的朝鲜匠人不会做，而且翟冠上的各种装饰都得从明朝进口，不得已用髢发代替。髢发后来逐渐发展成大首，成为翟衣的固定搭配。韩国国立古宫博物馆现在还藏有英亲王妃的大首一件（图1-83），及大首上的各样首饰。从实物来看，大首的主体就是假发。

除了文献上的记载，韩国还有不少旧韩末王室穿着翟衣的照

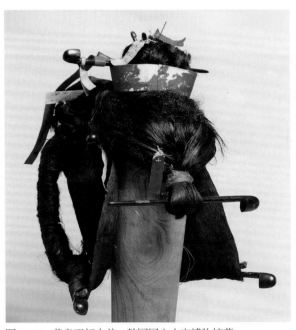

图1-83　英亲王妃大首　韩国国立古宫博物馆藏

片，以及翟衣相关的图像、实物。1922 年，作为日本人的英亲王妃李方子第一次随英亲王李垠回到韩国谒见纯宗，其间拍摄了众多照片，其中就有穿着翟衣的数张（图 1-84）。此外，韩国国立古宫博物馆还藏有大韩帝国时期的翟衣图本一件，图作彩图，领子、袖口、下摆等处装饰龙纹，衣身上绘有翟鸟和小轮花（图 1-85）；十二等翟衣、九等翟衣纸样各一件（图 1-86），均已残断为数片。而大韩帝国时期的翟衣实物也有不少，目前所知共有四件。九等翟衣二件（图 1-87），分别藏于韩国首尔历史博物馆、国立古宫博物馆，十二等翟衣二件（图 1-88），分藏于韩国国立中央博物馆、世宗大学博物馆。这其中尤以韩国国立古宫博物馆藏的原属英亲王妃的翟衣最为完整。《国朝续五礼仪补》中的翟衣仍有大衫的影子，而大韩帝国时期的翟衣则衣身前后长度一致，已完全摆脱大衫的影响。

图 1-84　英亲王妃旧照　韩国国立古宫博物馆藏

图 1-85　翟衣图本　韩国国立古宫博物馆藏

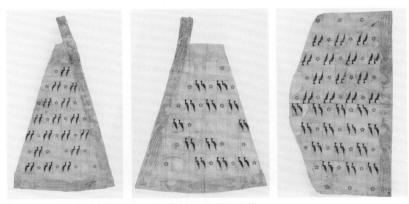

图 1-86　九等翟衣纸样残件　韩国国立古宫博物馆藏

图 1-87　英亲王妃九等翟衣　韩国国立古宫博物馆藏

图 1-88　十二等翟衣　韩国国立中央博物馆藏

第二章
品官服饰

第一节　朝祭之服

一、明代的朝祭之服

洪武元年十一月十四日，元朝敕封的孔子五十五代孙、衍圣公、国子祭酒孔克坚到南京向刚刚开国的明朝皇帝明太祖朝觐。在谨身殿内，君臣二人用口语作了对话。明太祖首先询问了孔克坚的年龄，得知对方已 53 岁，也就不再委派工作给他，但同时告诫他要好好遵守祖上的法度，常写书训导子孙，不要荒废了学业。十一月二十日，孔克坚要回曲阜之际，明太祖又传谕"道与他，少吃酒，多读书者"，让他少喝酒、多读书。两年后，孔克坚过世，他的儿子孔希学袭封衍圣公。洪武六年八月二十九日，孔希学在端门朝觐，君臣二人也用口语作了一番对话。对话中，明太祖同样首先询问了孔希学的年龄，并告诫他要好好致力于学问、好好读书。这两通对话后来都被刻在了石碑上，并立在曲阜。洪武七年二月二十二日，孔希学上奏说先师庙堂廊庑圮坏，祭器、乐器、法服不能充分配备，请求有司修治田产并如旧从实征纳税额。明太祖认为孔子是万世师表，历代帝王无不尊奉，孔府庙舍、器物废弛有失尊崇之意，于是下令修治田产、蠲免税额，并且颁赐了乐器和祭服。根据《曲阜县志》的记载，这套祭服包括衣、裳、中单、蔽膝、大带、革带、七梁冠、方心曲领、玉组佩、绶、履、袜等。洪武年间，衍圣公的品秩为正二品，景泰三年（1452），又定为正一品，朝服、公服、常服皆同一品，冠用八梁。

关于朝祭之服，明代还有一则记事。说是万历十四年（1586）十一月十三日，明神宗亲自在南郊祭祀皇天，也就是举行祭天典礼。按照惯例，皇帝祭天登坛的时候，内官们不能跟随皇帝登坛，而是由太常寺丞帮助完成仪式奉进杯爵。祭天这天，作为执事随从登坛的是太常寺丞董弘业。不过就在坛上举行仪式的过程中，却出了一点意外。董弘业祭服上的玉组佩突然跟鼎耳勾连在了一起，而且还一时解不开了。因为这个意外，明神宗站着等董弘业等了很久才得以完成典礼。这个事儿弄得明神宗很不高兴。十一月二十一日，引礼官董弘业因"转动失仪"被夺俸半年，他的上司太常寺卿也连带被追究责任罚俸一月。而早在嘉靖年间，就曾因为官员与皇帝的玉组佩纠缠在一块，明世宗下令玉组佩增加了佩袋。现存孔子博物馆孔府旧藏的玉组佩一副二挂，就附有红纱制成的佩袋（图2-1），应该就是嘉靖以后的实物。

朝祭之服是明代文武百官最重要的大礼服，它的制定在是洪武元年，凡是朝贺、辞谢等礼仪场合群臣都要穿用朝服，凡是皇帝亲自祭祀郊庙社稷文武官分献陪祀的场合则穿祭服。当时制定的朝服和祭服形制相同，只是上衣的颜色有别，朝服用赤色，祭服用青色，而且祭服内有方心曲领这一构件。洪武二十四年又定

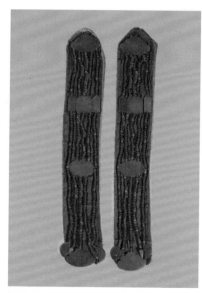

图2-1　玉组佩及其纱袋　孔子博物馆藏

朝服、祭服制度，大祀、庆成、正旦、冬至、圣节以及颁降开读诏赦、进表、传制穿朝服，陪祭则穿祭服。嘉靖八年，革除祭服中方心曲领不用。明末，圣节、冬至、年节、习仪、宣捷、进春、颁历、日食礼部救护、颁诰命、传制、册封、领诏，这些场合群臣都穿朝服，坛庙陪祭监礼则穿祭服。明代完整的一套朝祭之服，由梁冠、衣、中单、裳、蔽膝、大带、革带、玉组佩、绶、袜、履等组成。这一整套朝服、祭服的完整组成，都可见于《明实录》《明宫冠服仪仗图》《大明会典》等书。

明代朝祭之服的等级，主要是靠梁冠、绶、笏、革带来标识，具体来说是以梁的多寡、绶上的纹样、笏与带銙的材质来表示品级的高低。根据洪武二十四年制度，梁冠为公八梁，侯七梁，伯、一品七梁，二品六梁，三品五梁，四品四梁，五品三梁，六品、七品二梁，八品、九品一梁。公、侯、伯梁冠上又以立笔、香草、蝉等作为装饰，也有等差。公立笔五折四柱，香草五段，前后用玉蝉；侯立笔四折四柱，香草四段，前后用金蝉；伯立笔二折四柱，香草二段，前后用玳瑁蝉。这三类人的梁冠都在左侧插雉尾，冠上加笼巾貂蝉。绶，主要是以颜色、纹样、绶环的材质区分等级，相对复杂。笏，五品以上至公、侯皆用象牙，六品以下用槐木。革带，公、侯、驸马、伯及一品用玉，二品用犀，三品、四品用金，五品用银钑花，六品、七品用银，八品、九品用乌角。

孔府旧藏原属于朝服或祭服的，上面提到的玉组佩外，还有梁冠一顶（图2-2）、赤罗衣二件（图2-3）、白罗中单一件（图2-4）、赤罗裳一件（图2-5）、青罗衣一件、象牙笏一件。孔府旧藏中还能见到镶履一双（图2-6），原先也可能属于朝祭之服。当然，这些遗物原先可能也并非属于一套。嘉庆四年（1799）五月，初到曲阜教授衍圣公孔庆镕及其弟孔庆銮经文的黄文旸，曾在衍圣公府见到府内所藏的先世衣冠，并写下了《观阙里孔氏所

图 2-2　梁冠
山东博物馆藏

图 2-3　赤罗衣　山东博物馆藏

图 2-4　白罗中单　山东博物馆藏

图 2-5　赤罗裳　山东博物馆藏

图 2-6　镶履　山东博物馆藏

藏先世衣冠作歌纪之》诗一首。诗中，黄文旸提到了梁冠、赤罗衣、中单、绶等。目前分藏于山东博物馆、孔子博物馆的孔府旧藏衣冠，或许部分就是黄文旸曾经看到过的先世衣冠。

　　明代朝祭服的实物，除了传世所见之外，墓葬考古发掘中也有部分出土，如上海宝山韩思聪墓就曾有朝服所用的衣、绶等物出土。而明初功臣墓如吴忠墓、宋晟墓及南京太平门外尧化门明墓，均有出土蝴蝶形金饰件（图2-7），它们很可能就是梁冠前后"用金为蝉"的金蝉。梁冠上的这类金蝉，明初梁冠的插图及杨洪的朝服像（图2-8），对此都有十分清晰的表现。明代朝祭服的实物极少，然而在明代留下的众多写实人物肖像画中却常常可以见到它的身影。这些肖像画中有不少就是穿用的朝服（图2-9），有的甚至还是祭服。特别是在一些明代官员的宦迹图中，表现官员升迁、恩宠的画面中往往有金门待漏这一主题，如《四朝恩遇图》（毛纪宦迹图），《丛兰宦迹图》《徐显卿宦迹图》《张瀚宦迹图》，《东阁衣冠年谱画册》（于慎行宦迹图）等图像（图2-10），其中均有像主身着朝服乃至祭服的影像，对认知明代文武百官的朝服和祭服的形态，提供了十分有用且切实可信的材料。

图2-7　吴忠蝴蝶形金饰件　南京市博物馆藏

图 2-8　杨洪朝服像　美国国立亚洲艺术　　图 2-9　无款人物朝服像　山东博物馆藏
博物馆藏

图 2-10　《丛兰宦迹图》户科给事　中国国家博物馆藏

二、朝鲜的朝祭之服

洪武二年（高丽恭愍王十八年，1369）八月初二日，高丽国王恭愍王派出的礼部尚书洪尚载等捧持贺表祝贺明太祖即位，并请求授封爵位。这次进贺表明元朝时作为驸马之国的高丽正式投向新兴的明朝，表示臣服。相传明朝刚建立时，高丽并未降服，于是明太祖派出间谍前往高丽，查看明白高丽国王戴的冠帽后，明朝就对其进行了仿制，并让宫里的内官们都戴上高丽国王戴的帽子。后来见到高丽使臣，明太祖就对使臣说：你们看，你们国王的帽子和我国宦官们戴的帽子一样，这些内官天天围绕着我为我服务，难道你们国王还有什么想法吗？慑于明朝强大的渗透能力，使臣回到国内后，高丽马上就降服了。据说，明朝内官们戴的休仪三山帽（也叫内使帽）（图2-11），就是照高丽国王的帽子仿制的。实际上，宋元时期的地方之主、二郎神或武将，头上确实也有戴三山帽的（图2-12），上面这则故事很有可能也不仅仅只是传说。八月十四日，明太祖派出符宝郎偰斯带着诏书以及金印、诰文前往高丽封恭愍王为高丽国王，并准其"仪制、服用许从本俗"。九月十五日，高丽国王派出总部尚书成惟得、千

图2-11 《徐显卿宦迹图》金台捧敕（局部） 故宫博物院藏

图 2-12　西夏人物像（或以为西夏皇帝）
俄罗斯艾尔米塔什博物馆藏

牛卫大将军金甲雨上表、进贡方物、谢恩，并祝贺天寿圣节。同时，请求明朝颁赐祭服制度，明太祖下令工部制造之后再赏赐给高丽。洪武三年，明朝赐给的祭服送达高丽，包括国王冕服、王妃礼服，以及群臣陪祭冠服也就是祭服。

永乐六年（朝鲜太宗八年，1408）正月初一日，朝鲜世子李禔奉表贡马、金银器及方物。明成祖御奉天殿，官员们穿着朝服行礼，朝鲜世子穿着常服立于西班九品之下。退朝之后，朝鲜使团就派出李玄跟礼部交涉，对礼部尚书郑赐、赵羾说：太祖皇帝颁赐高丽冠服的诏书中提到"王国一品,准中朝三品",而洪武二十四年高丽世子入朝的时候,位次在六部尚书之后。而今不让我国的世子列于朝班,位居九品之外,与野人、狄子杂处,请您转奏陛下。尚书回答说好。不久,明成祖移御西角门,朝鲜世子启奏道:在太祖时,以外国蒙赐中朝衣冠的只有我国朝鲜。而我现在没有朝服,朝班在九品之外,还请垂察。明成祖立即召来郑赐问到:朕已让他位于二品,这是怎么回事?郑赐回答说:因为朝鲜世子没有朝服,所以如此。明成祖马上说到:可以按照靖江王儿子的先例,制办朝服、祭服赏赐朝鲜世子,让他陪祀天地坛。后来,明成祖还派出内官黄俨到朝鲜使团居住的会同馆,将朝服、祭服赏赐给了朝鲜世子。

朝服、祭服,在朝鲜王朝也是文武百官最隆重的大礼服。因为受穿着的礼仪场合的限制,这类服装穿着的次数也相对有限。洪武三年明太祖颁赐给高丽群臣的陪祭冠服,就是明朝制式的文武百官用的祭服,同时也奠定了后世朝鲜朝服、祭服的基调,这就是高丽、朝鲜的朝祭冠服要比明朝递降二等,明朝有九等,高丽、朝鲜只有七等,高丽、朝鲜的一品仅相当于明朝的三品。而永乐六年朝鲜世子朝服、祭服的获赐,也是朝鲜历史上第一次得到明朝文武官员朝服、祭服的赏赐。这套朝服、祭服的组成,被详细地记录在《朝鲜世宗实录》中,并以图说的形式收录在《朝鲜世宗实录》书后附带的《五礼》中(图2-13)。当然,在景泰三年(朝鲜文宗二年,1452)朝鲜世子获赐七章冕服后,朝鲜世子也就不再穿用文武官员所用的朝服、祭服了。永乐十四年,朝鲜太宗设立冠服色,令文武官员的朝服按照《洪武礼制》"造梁冠、衣、裳、佩、绶"。到了朝鲜世宗在位期间,当时编定的《五礼》载录了文武官员的朝服和祭服制度,也同样配有插图。朝鲜文武群臣的朝祭冠服后来又被《国朝五礼仪》《经国大典》所记录,并一直沿用到大韩帝国时期。

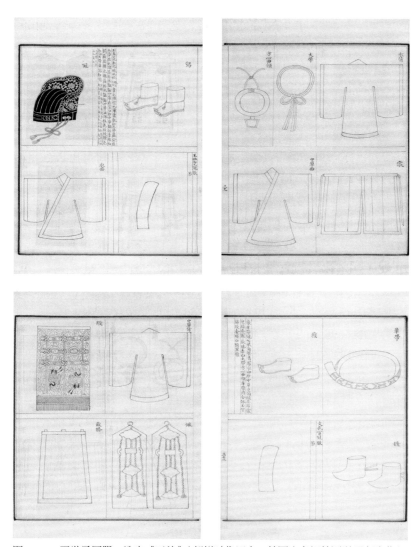

图 2-13　王世子冠服　选自《五礼》（朝鲜时代写本，韩国奎章阁韩国学研究院藏）

和明朝一样，朝鲜完整的一套朝服、祭服包括梁冠、罗衣、赤罗裳、中单、蔽膝、革带、佩、绶、袜、履、笏等。朝服、祭服所用罗衣用色不同，朝服用赤，祭服用青，祭服还多出一件方心曲领。朝鲜朝祭之服的等级，也和明朝一样，是由梁冠、绶、笏、革带来表示的。根据《经国大典》的规定，冠为一品五梁，二品四梁，三品三梁，四、五、六品二梁，七、八、九品一梁。朝服，一品至九品，用赤绡衣、裳、蔽膝，白绡中单。祭服上衣作青绡，其他同于朝服，此外又有白绡方心曲领。环、绶，一品、二品用云鹤金环绶，三品用盘雕银环绶，四、五、六品用练鹊银环绶，七、八、九品用鸂鶒铜环绶。革带带銙，一品用犀，正二品钑金，从二品素金，正三品钑银，从三品、四品素银，五至九品用黑角。笏，一品至四品用牙，五至九品用木。玉组佩，一至三品用燔青玉，四至九品用燔白玉。虽然朝鲜的朝服、祭服依照的是明朝制度，但后期的发展有着明显的自身特色，与明代制度逐渐产生一些差异。这些差异包括：梁冠后来逐渐分成朝冠、祭冠，所用颜色也不一样（图2-14）；中单的用色也由白色变为青色；蔽膝渐渐变小而且穿戴时的位

图2-14　祭冠　韩国国立民俗博物馆藏

置慢慢到了胸口位置；大带和后绶合为一体，不再分别作为独立的构件存在；等等。这些差异大致在明末的时候就已开始逐渐产生。

文献之外，朝鲜王朝的朝服、祭服还有不少图像和实物。韩国现存有大量的肖像画，其中不少是穿着朝服的影像。如密昌君李樴（1677—1746）家族（图 2-15）、兴宣大院君李昰应家

图 2-15　李樴朝服像　韩国国立中央博物馆藏

族（图2-16），族中多人都存有朝服像，而李橓墓中还有朝服实物出土（图2-17）。朝服、祭服的实物，既有出土的也有传世的。目前所知，除李橓墓外，申景裕（1581—1633）墓（图2-18）、金德远（1634—1704）墓、李浣（1647—1702）墓（图2-19）、李益炡（1699—1782）墓、安东金氏墓中均有朝服实物出土。至于传世实物（图2-20），数量更是可观。其中，沈东臣

图2-16 李昰应朝服像 韩国国立中央博物馆藏

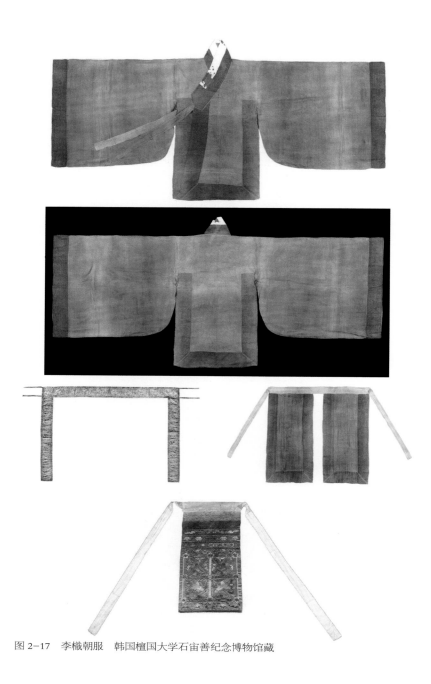

图 2-17　李橙朝服　韩国檀国大学石宙善纪念博物馆藏

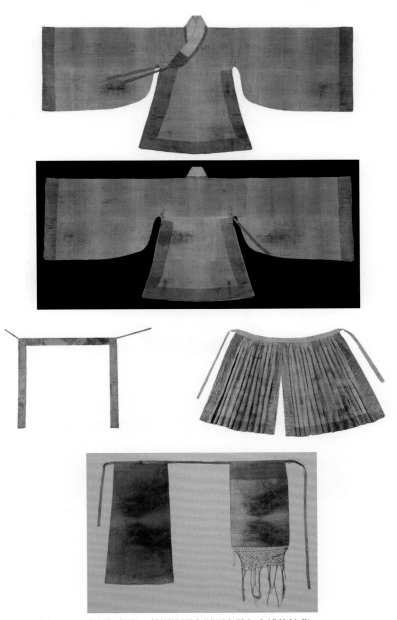

图 2-18　申景裕朝服　韩国檀国大学石宙善纪念博物馆藏

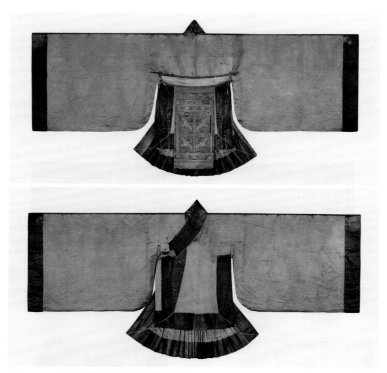

图 2-19　李浍朝服　韩国骊州博物馆藏

图 2-20　赤绡衣　韩国国立中央博物馆藏

（1824—?）的朝服可能最为人所知。近年，又有全湜（1563—1642）朝服的发现。这些影像上的朝服或实际穿用中的朝服，初看之下都有明显的明代制度的影子，但细处却多多少少又有出入，而这正是朝鲜后期自身的发展所致。

三、日本的礼服

贞享四年（清康熙二十六年，1687）三月二十一日，灵元天皇让位，当时只有十三岁的皇太子朝仁践祚，同年四月二十八日举行即位典礼，向国民宣告登上天皇之位，这也就是后来的东山天皇。即位当天，京都御所的紫宸殿正中设高御座（图2-21）。天皇行至高御座后阶下供筵道后，御前命妇两人前导，内侍二人随行，其次是天皇、关白、头弁持笏相从。御前命妇停立在高御座后的台阶两侧，内侍二人登上高御座的台阶，等候帐外。天皇登上高御座，朝南坐定，头中将掀起高御座后帐，内侍放置

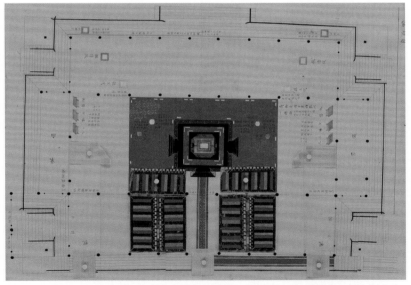

图2-21　高御座　选自《弘化度高御座并币旗等图》（明治四年彩绘本，日本国立公文书馆藏）

剑、玺在天皇座位的左边并退下。关白取来御笏进呈，然后由御前命妇引退坐下，高御座前方的帘帐也被掀起。这时，终于迎来即位仪式的高潮部分，一直被女官们用翳（近乎长柄的扇子）遮挡着的天皇，穿着衮冕十二章、手执御笏，南向端坐，终于展露出英武的身姿。摄政一条冬经（1652—1705）戴乌帽子、穿黑袍，侍坐在南面的屏风下。负责传令、主持的宣命使宣读"即位宣命"，群臣百官向天皇行群拜舞踏之礼，然后齐呼万岁。天皇宣读登极谕令后，仪式便告完成。典礼上，其他亲王代、拟侍从、宣命使等人各就各位，亲王代、侍从等人立于殿内，少纳言代立于殿外，典仪、赞者站在殿下，主殿、图书寮官人等人则坐在殿前。这些人穿戴的一律都是礼服，也就是头上戴玉冠或三山冠，身上穿着不同颜色的大袖。这年十一月十六日，举行大尝会（也叫大尝祭），这也意味着东山天皇整个即位典礼的结束。后柏原天皇在位期间，由于时局并不太平，大尝会开支极大，所以没能举行，自此荒废二百多年。东山天皇即位，大尝会终于得以恢复。

　　东山天皇的即位典礼，当年就被绘制成图，并有比叡山延历寺横川鸡足院的僧人觉深（1637—1707）加以注说。这就是滋贺县大津市园城寺（法明院）藏的《东山天皇即位图》。图为纸本，设色，署有"贞享二□□丁卯初夏中旬"字样。很可能在即位典礼之前觉深就得到了即位典礼的图式，也有可能这幅图描绘了当时实际看到的样子。这张图之外，还有后世摹写的另一轴《东山天皇御即位图》，表现的也是东山天皇即位典礼上的场景（图2-22）。图中的亲王代、拟侍从、宣命使等人，穿戴的同样也是礼服。类似的图还有很多，如现为京都国立博物馆藏狩野永纳（1631—1697）绘制的《灵元天皇即位·后西天皇让位图》屏风，表现的是宽文三年（清康熙二年，1663）灵元天皇即位典礼上的场景。与《东山天皇即位图》一样，亲王代、拟侍从、宣

图 2-22 《东山天皇御即位图》 东京大学史料编纂所藏

命使、典仪等人也都是穿的礼服。值得注意的是，屏风描绘出了身着衮冕十二章的天皇的清晰面容（图 2-23），这在目前所知的即位图中仅此一例。

礼服，是日本飞鸟时代末期直至江户时代五位（略同中国的五品）以上大臣在最重要场合下的穿着。飞鸟时代末期，日本参照唐朝制度引入礼服。大宝二年（唐长安二年，702）正月初一日，文武天皇御大极殿接受朝贺，亲王及大纳言以上才开始穿用礼服。根据当时律令的规定，礼服一品用深紫衣、牙笏、白袴、绿带、深缥纱褶、乌皮履，三位以上用浅紫衣，四位用深绯衣，五位用浅绯衣，此外并同一位，三位以上则有玉佩。礼冠又称玉冠，《令集解》引《古记》说"礼服冠谓礼冠也，玉冠是也"，漆地金装，用琥珀、玉珠等装饰，并且以装饰的材质、数目区分等级。礼冠之外，又有武礼冠，是即位大典上近卫大将、中少将、外卫督佐等人所戴的礼帽。从形制上看，礼冠近乎汉唐以来的进

图 2-23 《灵元天皇即位·后西天皇让位图》屏风（局部） 日本京都国立博物馆藏

贤冠，武礼冠则近于宋明时期的笼冠（图 2-24）。但与中国的进贤冠又明显不同的是，日本的礼冠冠额上还装饰有徽，亲王用青龙、朱雀、白虎、玄武四神，诸王用凤，诸臣用麒麟。

在最重大的祭祀、大尝会以及元日朝贺这些场合，五位以上的大臣们就需穿用礼服。天平胜宝四年（唐天宝十一载，752），东大寺举行大佛开眼仪式，天皇亲率文武百官参加供养法会，仪式参照元日受朝，五位以上者穿用礼服行礼。一套完整的礼服包括礼冠、大袖、小袖、裳、牙笏、玉佩、绶、锦袜、乌皮舄等。当然，不同的历史时期，名称上会有一些差异。关于礼服的穿着次第，《山槐记》《实躬亲记》等书有详细的记载，最开始是穿袜子，然后是各类衣物、佩饰，玉冠的穿戴相对在后，戴好玉冠后再执笏，最后是穿乌皮舄。应该说，整套礼服的穿戴还是比较繁琐的。这一整套礼服的穿戴效果，宽政八年（清嘉庆元年，1796）山田以文编绘的《礼服着用图》，及年代不详松井正茂绘

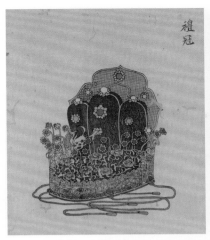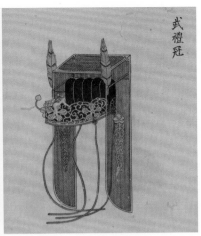

图 2-24　礼冠、武礼冠　选自《冠帽图会》（日本天保十一年刊本，日本国立国会图书馆藏）

制的《臣下礼服之图》中都有生动的描绘。前一图卷首先列礼服各构件穿戴的顺序，再附以插图，两卷描绘的分别是典仪、内办、外办、亲王代、拟侍从、大将代等人穿着礼服的形象（图2-25）。

　　日本大臣礼服还见于其他的一些影像资料，天皇即位典礼相关的绘图上往往都有穿着礼服的大臣的形象。而后世编绘的一些冠服相关的图谱、图式，也常常会以彩图的形式对礼服或礼冠予以表现。如宫内厅藏绘制于室町时代的《即位装束绘图》就绘有诸臣玉冠图，对从正、从一位至正、从五位的大臣们的礼冠作了图解，图像上方左右均以小字注明位阶、所用的珠玉数目、徽的纹样、珂琉的材质等信息（图2-26）。图卷所绘玉冠之后，又画出了深紫衣、裳、绶、牙笏、袜、履等的图像，并作注解（图2-27）。进入江户时代，这类图卷或图绘更多，如松冈辰方编绘的《冠帽图会》《诸冠图》，及编绘之人不详的《御即位记并绘图》《装束式图》《冠服图》等（图2-28），均对当时大臣的礼服

图 2-25　亲王代礼服　选自《礼服着用图》（日本宽政八年彩绘本，日本国立国会图书馆藏）

图 2-26　诸臣玉冠图　选自《即位装束绘图》（室町时代彩绘本，日本宫内厅图书寮文库藏）

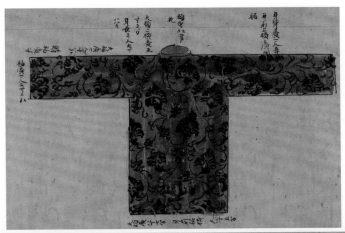

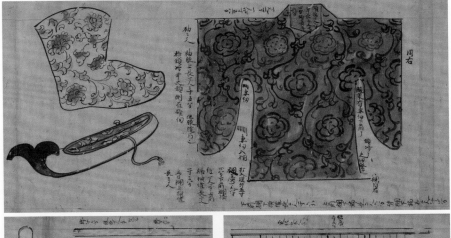

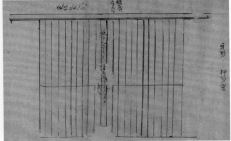

图 2-27　小袖、大袖、袜、履、牙笏、裳　选自《即位装束绘图》(室町时代彩绘本，日本宫内厅图书寮文库藏)

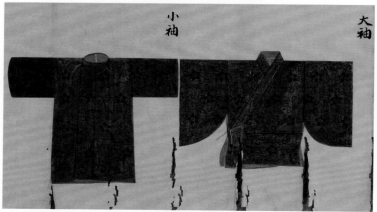

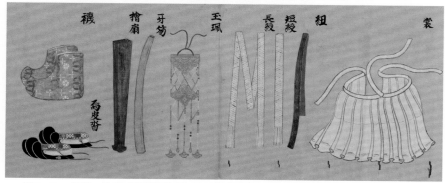

图 2-28　礼服　选自《冠服图》(江户时代彩绘本，日本早稻田大学图书馆藏)

或礼冠有详略不等的记录与图示。另外，礼服中的部分构件也有部分传世，如京都国立博物馆就藏有江户时期大臣的礼冠二顶，虽然稍有残损，但保存还算完好，冠额上还装饰有标示等级的麒麟状的徽（图 2-29）。

图 2-29　礼冠　日本京都国立博物馆藏

第二节　常服

一、唐代的袍衫

唐高宗在位期间的一天夜里，洛阳县尉柳诞穿着黄色的袍子在坊外的大街上行走，后来被把守各街道、坊门的军士、官兵鞭打。中古制度，东都洛阳的布局是城中分布着众多近似长方形的坊，坊和坊之间都有坊门，坊内是居所，坊外是街衢。唐代实行宵禁，《宫卫令》的规定，每天晚上昼刻已尽就击鼓关闭坊门，禁止人们自由走动，每天早上五更三筹就击鼓开启坊门，听凭人们自由活动。坊门关闭之后，如果还在坊外的街路上行走，那就是犯夜。按照唐律，犯夜的人要笞打二十下作为惩罚，如果是执行公务或者是私人婚丧嫁娶、生病之类，可以不作惩罚，但也要取得县里或坊内的文牒才能通行。另外，如果只是在坊内行走，也不用受罚。柳诞之所以被打，当然是由于他触犯了宵禁。但他洛阳县尉的身份多少还是有些敏感。唐代制度，县分十等，洛阳县属于顶级的京县。据《唐六典》，县尉的职责是亲理政务、分管诸曹、调解民事、催收税款等具体事宜。京县的设置是有六名县尉，分判六曹，每名县尉分管一曹。洛阳县尉职权不大，不过毕竟也是都城洛阳的领导之一。后来，柳诞被打的事就传到了高宗的耳中。但高宗关注的重点却是柳诞所穿的黄色衣服，认为是章服错乱。

此前的龙朔二年（662）九月，司礼少常伯孙茂道曾启奏，提到文武官员常服的服色，在旧令文中规定的是六品、七品用绿，八品、九品用青。孙茂道认为深青乱紫，不该品级低的官员穿用，于是奏请更改八品、九品官员服色用碧。在朝参的场合，用碧之外可由他们穿用黄色。高宗听闻上奏的内容，表示认同。

由于柳诞穿着黄色衣服犯禁被打这件事，总章元年（668），高宗颁下诏旨，命令朝参行列一切不许穿用黄色。中国古代服饰中的服色制度，最早见于北周侍卫服饰中的"品色衣"，隋朝大业六年（610）才第一次确定了品官服色等级，其中规定士卒穿用黄色。不过，当时的皇帝、诸王、大臣也往往穿用黄文绫袍。百官常服也跟百姓一样，都穿黄袍出入办公场所办公。唐武德四年（621）颁布《衣服令》，规定流外官和庶人的服色也是黄色。当然，皇帝也可用黄色（图2-30）。初唐官员朝参及处理政务时也被允许兼用黄色，与百姓所用可无差别。正因为大臣们和百姓都

图2-30 《步辇图》中穿黄袍的唐太宗 故宫博物院藏

可以穿用黄袍，而朝参时又允许官员们穿着黄袍，高宗总章元年的诏令也就排除了朝参时百姓阑入的可能性。

袍衫，在唐代属于常服，礼仪属性相对较小。追溯渊源的话，袍衫无论是圆领的样式还是开衩的形式都是西域胡人影响下的产物。隋唐之前，中国礼服主要作上衣、下裳式，隋唐时代由于引入圆领通裁的袍衫，中国礼服的服制终于形成二元发展的态势。前面提到，上自皇帝诸王，中到文武百官，下到士卒庶人都可以穿用黄袍。又据《唐六典》等书，当时武库中存放的兵将衣装中也有袍，这类军衣中的袍共有五类，分别是青袍、绯袍、黄袍、白袍、皂袍。现存的敦煌文书中，就有不少记录当时军士衣装的衣装簿，其中《唐天宝九载十载兵士衣服支给簿》（S.964）记录各人名下的衣物，有春蜀衫、汗衫、絁裈、袴奴、半臂、襆头、鞋、靺各一件（双），冬长袖（小袄子充）、绵袴、襆头、鞋、靺各一件（双）。《唐天宝年代豆卢军防人衣服点检历》（P.3274）记录各人名下的衣物，也有袄子、长袖、半臂、复袴各两件，蜀衫、汗衫、单袴、袴奴、裈各三件，襆头、鞋、靺各七件（双），被袋各一件（图2-31）。当时核覆刑囚的使者，出差之初赐给时服一具，如果历时两年没有回京则赐给时服一副。一具也就是全套都给，一副则是相应地减少个别物件，并非全套赐予。

那么，唐代完整的一套常服包括哪些呢？根据《唐六典》的解释，一具也就是，春、秋时节赐给袍、绢汗衫、头巾、白练袴、绢裈、靴各一件（双）；夏天以衫代袍，以单袴代夹袴，其余的跟春、秋时节相同；冬天则袍加绵十两，袄子八两，袴六两。一副，指的是除去袄子、汗衫、裈、头巾、靴，其余同上。结合当时的政书及各种文书，唐代完整的一套常服通常包括襆头、巾子，袍衫，半臂、长袖、袄子，汗衫，袴、裈，鞋或靴、袜等。襆头最初只是一块长方形的布，包裹住头发并打结就是襆

图 2-31　唐天宝年代豆卢军防人衣服点检历（局部）　法国国家图书馆藏

头。巾子相当于硬质的头罩，罩在发髻上，然后外面裹上幞头。因为巾子的材质、样式不同，裹出来的幞头也是形态各异，进而发展出武家诸王样、英王踣样等样式。袍是有里子的夹衣，衫是单衣。高宗在位期间，听从长孙无忌建议，在袍下加襕，称襕袍。为了方便行动或劳作，衫两侧开衩，又称缺胯衫。袄子也是夹衣，有绵、夹、大、小的差别，长度比袍衫要短。袍衫之内，一般穿着的就是各色短小袄子，此外还有半臂。半臂是一种无袖或短袖的上衣，腰下有襕，半臂一般用锦制成，襕则用不同材质、颜色的布料制作。半臂之内，又有长袖，衣身较短，也有跟半臂一样的襕。最里层，就是贴身穿着的汗衫。袴，相当于现在有两裤筒的裤子，裈则相当于现在的平角短裤，是贴身穿的。当然，在实际的穿着中，上面说到的这些也不一定是全部都配备的。

　　由于袍衫穿着最广，所以相关的图像和材料存世最多。隋唐时期墓室壁画、陶俑、木俑上见到的，往往就有穿着袍衫的人物（图 2-32），这样的例子很多，不胜枚举。敦煌莫高窟壁画，及敦煌藏经洞所出的绢画上面，也常常可以见到供养人。供养人的穿着，最常见的也仍是袍衫（图2-33）。唐代立国近三百年，随着时间的推移，包括袍衫在内的常服也有自身的发展，具有鲜明的时代特征。经由这些墓室、洞窟壁画及绢画、陶俑，可以看出幞头、袍衫发展的过程。此外，考古发掘中也还能见到幞头、袍衫及其相关的实物。新疆阿斯塔那墓群中就曾出土过唐代衬在幞头内的巾子实物（图2-34），中国丝绸博物馆藏的锦袖花卉纹绫袍无疑就是一件衫子（图2-35）。半臂的实物更多，美国普利兹克艺术合作基金会藏的唐代联珠团窠含绶鸟纹锦半臂是较为引人注意的一件（图2-36），相传出自都兰；甘肃省博物馆也藏有众多的半臂实物，其中不乏精品。值得注意的是，近年发掘的慕容智墓，墓主慕容智穿着整套常服随葬，幞头、袍衫、半臂等都得以保存（图2-37），实属难得。

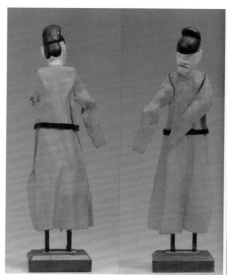

图2-32　新疆阿斯塔那206号唐墓出土的宦官俑　新疆维吾尔自治区博物馆藏

图2-33　敦煌莫高窟281窟西壁南侧男供养人像　选自《中国敦煌壁画全集·隋》（天津人民美术出版社，2010）

图 2-34 新疆阿斯塔那唐墓出
土的巾子 新疆维吾尔自治区博
物馆藏

图 2-35 锦袖花卉纹绫袍 中国丝绸博物馆藏

图 2-36 联珠团窠含绶鸟纹锦半臂
美国普利兹克艺术合作基金会藏

图 2-37 慕容智幞头、紫袍、半臂 甘肃省文物考古研究所藏

二、日本的袍衫

天平胜宝四年（唐天宝十一年，752），正好是佛教传入日本二百周年。为了表示纪念，孝谦天皇决定在这年的佛诞日也就是四月初八这天举行东大寺毗卢舍那大佛的开眼仪式。毗卢舍那大佛原是圣武天皇发愿铸造的，圣武天皇当时已经退位并病重，尽管大佛还没有进行最后的加工，但也急切地需要举行仪式。后来，可能是由于天气原因，开眼仪式后延至四月初九举行。四月初九日这天，位于平城京平城宫东边的东大寺举行盛大的毗卢舍那大佛开眼供养法会。当天，孝谦天皇，时为太上天皇、皇太后的圣武天皇与光明皇后，文武大臣以及京中的百姓，无论身份贵贱，齐集东大寺。据说，中国和印度远道而来的高僧也参加了大佛的开眼仪式，共有万余名僧侣参加。因为圣武天皇正在病中，由僧正、印度僧人菩提仙那代替太上天皇为大佛开眼，也就是用毛笔给大佛"开眼之光明"。仪式上，还表演久米舞，并演奏了唐古乐、高丽乐、林邑乐。由于圣武天皇身体欠佳，当天的开眼供养会草草结束。不过，这次法会仍然是佛法东渡日本以来最为盛大的一次斋会。

天平胜宝八年，圣武天皇驾崩，后来光明皇后向东大寺毗卢舍那大佛奉献了包括圣武天皇故物在内的六百余件宝物。这些宝物此后一直存放在东大寺内的正仓院中。天平胜宝四年大佛开眼供养法会上使用的开眼之笔，诸多法器（图2-38）、用具，乐舞生所用的服饰，甚至是圣武天皇当时穿用的礼履（图2-39），因此也得以传世。现今收藏在正仓院里的乐舞服饰，由于衣物上大多题有"天平胜宝四年四月九日"字样，从而可以确认曾被用于大佛开眼仪式。当然，除了大佛开眼仪式上曾经使用的乐舞服饰，还有后来的一些乐舞服饰，但基本都与唐制相同。圣武天皇在位期间开启的天平时代（圣武天皇的天平、天平感宝，孝谦天皇的天平胜宝、天平宝字年间，其间淳仁天皇在位、孝谦天皇重

图 2-38 白琉璃高杯 日本正仓院藏

图 2-39 御礼履 日本正仓院藏

袴），实现了律令国家及鲜明的贵族文化，确立了镇护国家的佛教思想，并呈现出深受唐朝文化影响的国际化色彩，在日本美术史、文化上留下了浓墨重彩的一笔，后世甚至用天平文化来指称这一时期乃至整个奈良时代的文化。而收藏在正仓院里的各种宝物，正是天平文化中的典型代表。

在古代日本，服装上明确的等级规定出现于七世纪初。推古天皇十一年（隋仁寿三年，603）十二月，日本推行冠位十二阶，这是目前所能确认日本最早的位阶制度。孝德天皇大化三年（唐贞观二十一年，647）扩展为七位十三阶，两年后又改为十九阶，天智天皇三年（唐麟德元年，664）又易为二十六阶。天武天皇十一年（唐永淳元年，682）冠位制被废止，天武天皇十四年（唐垂拱元年，685）制定各位阶的位色也就是朝服色，用衣服的颜色，具体说就是用朱、深紫、浅紫、深绿、浅绿、深葡萄、浅葡萄作为区分。天武天皇制定的这套制度，持统天皇时又有细化，另外规定百姓服黄色衣、奴用皂衣。奈良时代，构成国家体制的基础律令确立，于是推行仿照唐朝的《衣服令》，不过黄色并不在各位阶的服色之中，但令文同时规定，各位阶本等服色之外可用桑、黄等颜色。承和九年（唐会昌二年，842），仁明天皇下诏，其中提及天下仪式、男女衣服，都要依照唐朝的法令执行，"五位已上位记，改从汉样"。汉样说的也还是唐法，也就是唐代的律令。

现在正仓院收藏的乐舞服饰中，袍衫、半臂占据绝对多数，而且上面往往题有墨书，如"东大寺大歌袍""东大寺大歌絁衫""袄子""东大寺大歌半臂""东寺古破陈乐布袍""东寺狛乐驹形勒肚巾"，等等。这些衣服保存的情况有的完好，有的残破，但仍然可以看出与唐代相应的衣物并没有太大区别，甚至有些衣服的用料应该也还是来自唐朝。如"东大寺大歌袍"用的面料联珠双龙纹绫（图2-40），这类几乎一模一样而只是颜色不同的联珠双龙纹绫中国境内外有多例出土（图2-41），不少国外的博物馆也有收藏，据此推测"东大寺大歌袍"的袍料极有可能出自唐代中国。日本乐舞用的这些衣物，还见于宝龟十一年（唐建中元年，780）订立的《西大寺资财流记帐》。这本帐册的卷一第六部分就是乐器衣服，详细记录了吴乐、唐乐、高丽乐的乐器、服饰，舞人服饰多数都有袍、衫、袴、袜，有的也有幞子（幞头），乐人服饰则包括袍、半臂、袄子、汗衫、袴、裈。在帐册中，这些衣物的颜色，面料以及里衬所用纺织品的种类，乃至保存情况都被详细登录在案。比如吴乐击鼓之人所用的半臂，就记有绯地锦身紫臈缬襕、绯地锦身紫罗臈缬襕、白地两面身绯臈缬襕等，对半臂主体（身）及襕的材质、颜色均有具体的记录（图2-42）。

图2-40　大歌绫袍　日本正仓院藏

图2-41　新疆阿斯塔那221号唐墓出土的联珠双龙纹绫　新疆维吾尔自治区博物馆藏

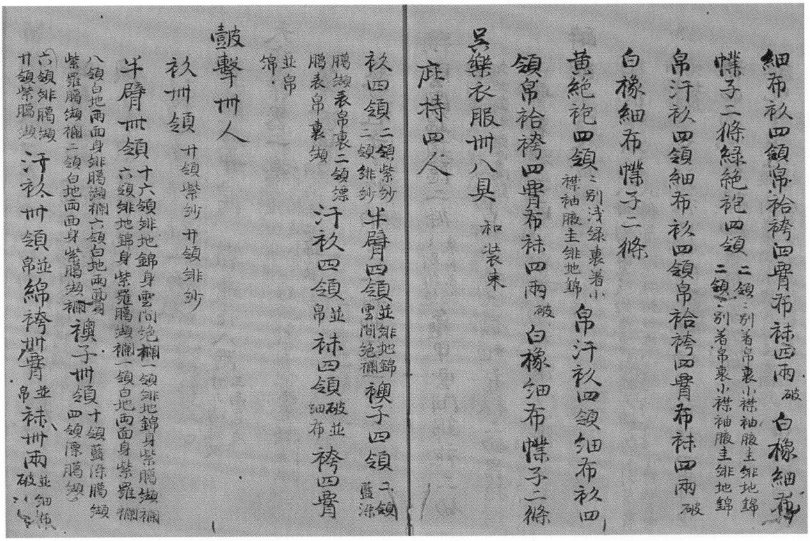

图 2-42 《西大寺资财流记帐》内页图

当然，袍衫在日本的穿用并不仅限于乐舞生，上至天皇诸王、文武大臣，下至庶民也都可穿着。成书于平安时代的《延喜式》，书中卷第十四就详细记录了天皇的"年中御服"也就是一年四季的衣物（图 2-43）。其中都有袍、袄子、半臂、汗衫、袴、裈，只是汗衫里面又有裲（也就是后来的衵），还分单、夹，袴分表袴、中袴，裈也分单、夹，时令不同，衣服用料不同，衣物也有增减，这大体也是遵照唐代制度。紧跟年中御服的还有中宫御服以及裁缝功程、杂染用度。裁缝功程里又详细规定了裁制各种御服的限期，如规定裁制袍、袄子长功日大半人、中功日一人、短功日一人大半。杂染用度则规定了染制各种颜色需要的染料配比情况，如染制黄栌绫一匹，需用栌十四斤、苏芳十一斤、酢二升、灰三斛、薪八荷等。另外，按照唐代制度，太子、亲王以及文武大臣的袍衫之外还可佩带鱼符，这类鱼符在考古发掘中曾有一些出土。日本仿照唐代制度，也用鱼符。正仓院里收藏的各种材质的鱼形装饰（图 2-44），当初无疑就是日本的太子、亲王或文武大臣用的鱼符，也是仿照唐制鲜明的物证。

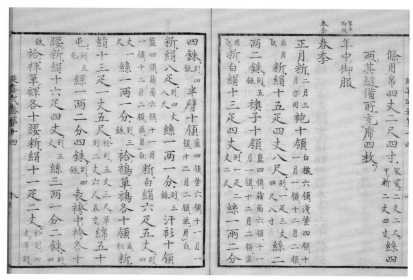

图 2-43 《延喜式》之"年中御服"

图 2-44 鱼形装饰 日本正仓院藏

三、明代的常服

正德元年（朝鲜燕山君十二年，1506）九月初一日，朝鲜知中枢府事朴元宗等人起事，谋划废黜当时的国王燕山君李㦕。半夜时分，众人聚集军士准备起事，并下令边脩、崔汉洪、沈亨、张珽把守内城。之后，举事的一众人等直趋国王所在的昌德宫，文武百官、军民人等也闻风前来，领议政柳洵等人也赶到了宫门。事前，举事者派人向晋城大君李怿告知将要举事的情形，并对他进行了保护，又派尹衡老去景福宫禀告慈顺大妃（晋城大君生母）。同时，又分派勇士击杀国王的妻舅慎守勤（王妃慎氏之兄）、慎守英（守勤之弟）及姻亲任士洪（驸马崇载之父），派武士到义禁府释放囚人，让他们都赶赴军中起事。宫里值班的将士及都总管听说政变后，纷纷外逃，有的从水沟爬出，执守各门的军士也翻墙而出，至此"阙内一空"。天亮后，朴元宗等进军于宫门外，留柳子光等人在阙门，整军布阵，"围把宫城"，防止燕山君外逃。大事将定，朴元宗等于是率领百官军校，驰诣景福宫，向慈顺大妃请命，推戴晋城大君。柳顺汀等迎晋城大君于私邸，晋城大君避入平市署旁人家里，柳顺汀坐里门外再三劝进，晋城大君推辞不过，于是在正午时分进入景福宫。诸人又派承旨、内官让燕山君交出御宝，其后百官齐集，颁布大妃慈旨，宣告废立的原因，晋城大君顺利在景福宫勤政殿即位。当天，流放燕山君于乔桐，废妃慎氏也被赶出贞清宫。晋城大君也就是后来的朝鲜中宗，这次宫廷政变，历史上称之为"中宗反正"。

1997 年 11 月 27 日，在移葬位于京畿道阳平郡仓垒里的靖国功臣边脩夫妇合葬墓时，出土了一方墓志，详细记述了墓主边脩的生平和历官。其中提到边脩曾"参建大义，策功靖国"，说的就是边脩参与的废黜燕山君、拥立中宗这一事件。举义当晚，边脩等人率兵围住内城，事后论功，位列二等功臣，封原川君。墓志还提到边脩曾"三典禁兵"，也就是任内禁卫将、五卫都总府副总管（先后两位）的三次经历。墓志另外还提及边脩曾"两朝京师"，说的是边脩在正德元年充进贺使、正德五年充正朝使两次出使明朝的经历。这两次出使，据《明武宗实录》，明朝都赏赐了衣、缎等物给边脩。边脩墓中出土的，还有众多的服饰及木俑等随葬品。其中又有四合如意云纹纱地的圆领一件，缠枝西番莲纹纱地的贴里、褡褳各一件（图2-45）。贴里、褡褳上的缠枝西番莲纹，又见于宝宁寺壁画上正德时期的往古雇典婢奴弃离妻子孤魂众一铺（图2-46）。壁画下半居中胥吏身上穿的褡褳的纹样，就与边脩墓中出土的褡褳纹样一样。这三件衣物原先当为

图2-45　四合如意云纹纱圆领、缠枝西番莲纹纱贴里、褡褳　韩国国立民俗博物馆藏

图 2-46　明代宝宁寺壁画往古雇典婢奴弃离妻子孤魂众（局部）　山西博物院藏

一套，属于常服，而且很有可能就是边脩出使明朝时获赐的一套。

　　明代品官的诸类服饰中，常服最为常用。品官常服制度最初制定于洪武元年，洪武二十四年又作更改。品官常服穿用的场合，是文武官常朝视事及年老致仕官员朝贺、谢恩、见辞等场合。按照制度，明代品官常服主要以圆领袍上的补子花样、革带上的带銙材质来区分等级。补子花样有文武之别，而带銙材质则不分文武。当时规定，补子，公、侯、驸马、伯用麒麟、白泽；文官一品、二品用仙鹤、锦鸡，三品、四品用孔雀、云雁，五品用白鹇，六品、七品用鹭鸶、鸂鶒，八品、九品用黄鹂、鹌鹑，杂职练鹊，风宪官用獬豸；武官一品、二品用狮子，三品、四品用虎、豹，五品熊罴，六品、七品用彪，八品、九品用犀牛、海马。革带，公、侯及一品用玉，二品用犀，三品金𨰘花带，四品素金带，五品银𨰘花带，六品、七品素银带，八品、九品及杂职未入流官用乌角带。此外，明末的笔记又记当时圆领袍用的料子都织有云纹，仅未入流的官员不得用云。云纹的数量也有等差，七品以下每列七云，四品至六品五云，三品以上三云，被赐以玉革带的官员可以用十三云。

明代品官常服完整的一套，大体由乌纱帽，贴里、褡襱、圆领，革带，皂靴组成。此一套常服完整的组成，见于《明实录》《大明会典》等书。品官常服用的乌纱帽，明初帽体低矮，后山前蹈，帽翅窄小，屈曲下垂。后来，帽体虽然保有前蹈的形态，帽翅却渐趋平直，但还不甚宽大（图2-47）。到了明代

图2-47 谢环《杏园雅集图》（局部） 美国大都会艺术博物馆藏

图 2-48　徐俌圆领　南京市博物馆藏

中叶，后山高耸，帽翅宽大，并一直延续到明末。不同时期的圆领，摆的形态也不同（图 2-48），后期的摆比较夸张，上端尖翘，这也就是所谓的插摆。到了明朝后期，贴里、褡襫也变得并非必需。另外，明代中叶以后，原本用来区分等级的圆领上的补子、革带上的带銙，僭越的现象比较严重，制度上的规定往往被突破。如果补子还只是等级上的错乱，那么革带带銙就已突破规定，是在规定的材质之外滥用犀角、象牙、沉香、玳瑁等物。

　　由于这一整套常服由各种物件共同组成，它的穿戴和脱卸都相对繁琐，有一定的先后顺序。根据明末的记载，穿着时首先是穿靴，然后戴乌纱帽，再穿圆领；脱卸时则是先解开圆领，然后换下乌纱帽，最后脱靴。脱下圆领前还需先解革带，按动革带三台处插销的雀舌就能解开革带。关于革带，《酌中志》还记录了一桩逸事，说的是姜淮少年时曾偷戴殷士瞻的乌纱帽并偷系他的革带，正在屋里摇摆作势时，殷士瞻突然回来了。姜淮不知道怎么样才能把革带解开，殷士瞻看到后很不高兴。姜淮当即说道：师父还系玉带哩，这条银带何足为贵！因为姜淮的口才，殷士瞻转怒为笑，也就不再跟他计较。明朝灭亡后，这套品官常服在清初还与满洲冠服一起共存过很短的一段时间。随着清朝统治的确立、稳定，明朝样式的品官常服也就消失了，仅在戏曲服装、神仙服饰中还留存有一些影子（图2-49）。

明代官员死后，往往以常服随葬。当时品官随葬的敛衣，按照规定，可以用朝服一袭、常服十袭。所以，在经考古发掘的明代墓葬中，时有常服随葬的例子。如湖北石首杨溥墓，浙江桐乡杨青墓，江苏常州毕宗贤墓、泰州胡玉墓、泰州徐蕃夫妇墓、南京徐俌墓（图2-50），江西彭泽陶醒翁墓，宁夏盐池冯记圈明墓等墓葬中，就都有品官常服随葬。徐俌、徐蕃等人的墓葬中，圆领而且还和褡護、贴里一起出土。最为难得的是，日本京都妙法院中仍藏有万历年间赐给日本丰臣秀吉的常服，而且还能与明朝册封敕谕上开列的冠服对应。米泽上杉神社内

图2-49　清光绪红缎缀平金绣云鹤纹方补官衣　故宫博物院藏

图 2-50　徐俌裙襦　南京市博物馆藏

也保存有万历年间上杉景胜获赐的常服，其中的乌纱帽、圆领、革带、靴等也都还有存世。实物之外，明朝还留有众多官员的肖像画。这些肖像画，有的是长卷，如《五同会图》（图 2-51）《十同年图》《杏园雅集图》《竹园寿集图》，有的则是册页，如《四朝恩遇图》《丛兰宦迹图》（图 2-52）《徐显卿宦迹图》，有的则是独轴大影（图 2-53），坐像、立像都有。这些图像中的人物，很大部分穿用的冠服就是常服。由于绘制的年代不同，根据这些肖像画也可看出品官常服在整个明代发展过程中的一些变化。

图 2-51 《五同会图》（局部） 故宫博物院藏

图 2-52 《丛兰宦迹图》诰命封赠 中国国家博物馆藏

图 2-53 沈度像 南京博物院藏

四、朝鲜的常服

洪武二十年（1387）九月十八日，这天是明太祖的天寿圣节也就是生日，明太祖御奉天殿接受大臣们的朝贺，并且在殿里宴请文武百官，皇太子则在文华殿宴请皇亲国戚以及东宫的官员。这天，高丽国王王禑派出的使臣偰长寿、尹就等向明太祖进贡了金龙双台盏、金盂、金银钟、银罐、玳瑁笔鞘等作为贺礼。明太祖也向高丽使臣赏赐了金织文绮衣，以及洪武宝钞等物品。这年五月，偰长寿回到高丽，向高丽国王传达了明太祖口头宣谕的旨意。《高丽史》详细记录了明太祖的白话谕旨，读起来很有意思，白话谕旨的最后涉及高丽冠服的改易，也很难得。白话谕旨的前段，明太祖说了很多恩威并济的话，临了明太祖又问偰长寿还有什么话要说，偰长寿启奏说是高丽为了衣冠的事，两次上表奏请都没获得允许，国王和大臣们都很惶恐。之前，高丽国王朝服、祭服，陪臣祭服都分着等第赏赐了，而便服却不曾改旧样子，还戴着元朝一样有缨儿的帽子，心里觉得很不安稳。明太祖随即回答：高丽国如果要改，自己穿戴起来就是了，有官的戴纱帽，百姓们戴头巾，戴起来就是，不必奏请。偰长寿又启奏说高丽使团中一个姓柳的官员直赶到鸭绿江，对偰长寿说如今奏请衣冠的人回来了，但又没有明显颁赐，很是惶恐。让偰长寿到朝廷里奏请，如果允准了就从京城戴着纱帽、穿着圆领回国，他们也就一起学着穿戴了。偰长寿于是就问明太祖：那我是从京城就穿戴了去？明太祖回道：你到辽阳，就从那穿戴回国内去。偰长寿后来果然就穿戴纱帽、圆领回了高丽，《高丽史》记载说是高丽国人看到偰长寿的穿戴后，"始知冠服之制"。由此，明朝品官的常服也就传到了高丽。

明朝品官常服是洪武三年制定的，洪武二十年，高丽才革除元朝服饰，用明朝制度，自一品至九品都用纱帽、圆领、品带。高丽、朝鲜易代之后，到了朝鲜太宗年间，又照明朝制度制定了纱帽制度。永乐十五年（朝鲜太宗十七年，1417），太宗令见任官时常穿戴纱帽。此前，礼曹与仪礼详定所认为大小官吏在雨雪天气之外戴着笠子上朝，实在是有些不方便。于是议定，参照"华制"也就是明朝制度，东西文武官吏及前衔有官守的人，在雨雪天气之外，要时常穿戴纱帽，"以肃朝仪"。如果违背，就要论处。太宗下令次年正月初一日开始推行。按照明代的制度，纱帽与圆领搭配穿着，可见朝鲜初年也采用明朝的常服。世宗在位期间，也曾大力推行圆领。正统九年（朝鲜世宗二十六年，1444），"赐右议政申概纱团领"，世宗还说：这件衣服是按照明朝制度制作的，您以首相的身份穿着明制圆领，朝中的大小官员谁还不仿效呢，应该经常穿着，以作劝导。第二年，世宗又赏赐六位承旨鸭头绿绵布、红绸各一匹，下令照着明朝样式制作圆领穿着，同时还下令凡是赏赐用的圆领，济用监一概以明朝的样式缝制。自此之后，明朝品官的常服制度，大体也在朝鲜得以接受并推广开来。

明朝圆领前胸后背上缀有补子，朝鲜称为胸背，但朝鲜早期并未采用。正统十一年，右议政河演、右参赞郑麟趾曾提议各个品级的胸背遵照明朝制度制备，但领议政黄喜考虑到缎子、纱、罗等物都不是朝鲜本土所能织造，胸背尤其难以制备，何况尊卑等级已靠金银角带得以体现，不必急于制备胸背。世宗最终采纳了黄喜的建议，没有制定胸背制度。正统十三年，副司直李相鉴于当时的大君、诸君、驸马、三公大臣、百僚等官并无胸背，服色混同，无从区分等级，上疏建议遵照明朝制度，令文武百官在朝会及接中国使臣的时候，都用胸背，以别尊卑。世宗依旧没有采纳。朝鲜官员不用胸背，当时也引起了明朝使臣的注意。景泰元年（1450），明朝使臣司马恂就曾问世宗：朝鲜官员都不用胸背，是殿下您禁止他们使用么？世宗回答说并没有禁止使用，只是因循旧例并未采用而已。景泰五年（朝鲜端宗二年，1454），检讨官梁诚之在经筵上提出请用胸背，以严朝章。端宗命大臣们集议讨论。后经讨论研究，决定采用。于是赏赐宗亲、驸马、议政府堂上、六曹判书、亲功臣二品以上、承政院堂上等七十二人缎子各一匹，以制办缀有胸背的圆领。由此，终于拉开了朝鲜品官圆领上装饰胸背的序幕。赏赐大臣缎子九天之后，议政府呈启，建议自今以后，文武堂上官都用胸背，胸背花样，大君用麒麟，都统使狮子，诸君白泽；文官一品孔雀，二品云雁，三品白鹇；武官一、二品虎豹，三品熊豹，大司宪獬豸。端宗予以采纳。后来，这套制度被纳入《经国大典》。《经国大典》卷三礼典"仪章"中的记载，也是朝鲜品官常服最早在制度上的规定。当然，后来的胸背制度又稍有变化。

朝鲜品官完整一套的常服，包括乌纱帽、圆领（团领）、革带、袜、靴等，而早期的圆领之内，又有褡褙、贴里。韩国现存有大量的朝鲜时期肖像画，这些肖像画绘制的年代不一，所用的冠服大多数是常服。正因绘制的年代不一，肖像画上所见的常服也有较大的差别，也恰可以据此一窥整个朝鲜时代常服的变化。朝鲜早期的一些功臣像，所用的冠服跟明朝的常服更为接近，圆领开衩处往往露出两层不同颜色的衣物，对应的大致就是褡褙、贴里。如现存的张末孙（图2-54）、孙昭、柳顺汀、吴自治等人的肖像画，所表现的正是早期的样式，也更接近明朝的制式。朝鲜中期，肖像画上所用圆领的颜色，更多的使用黑色或是红黑色，圆领上摆的形态有如两耳上翘，但所用的胸背仍具有明代补子的风格（图2-55），时代特征也很明显。这时候的功臣像有大量传世，这类肖像画的绘制有一定的模式，所以大致都很相近。随着时间的推移，朝鲜后期常服所用圆领的颜色更多地使用墨绿色，胸背也较之前为小，并明显地带有朝鲜自身的特色（图2-56）。到了朝鲜末期，圆领上的胸背越发窄小，而乌纱帽的帽翅也明显地带有向前弯曲的弧度（图2-57），品官的常服愈发的程式化。

文献、画像之外，朝鲜品官常服也有众多的实物存世。这些实物有的见于考古发掘，有的见于奕世流传。韩国境内也有众多朝鲜时代的墓葬得以挖掘，很多墓中都出土了服饰类文物，而其中很大一部分就是品官常服。这类墓葬的总数难以确切统计，可知的有边脩（1447—1524）墓、沈秀崙（1534—1589）墓、赵儆（1541—1609）墓（图2-58）、金襏（1572—1633）墓、金德远墓、南五星（1643—1712）墓、李浣墓、李爀（1661—1722）墓（图2-59）、李檄墓、李镇嵩（1702—1756）墓，等

图 2-54　张末孙常服像　选自《肖像画的秘密》（韩国国立中央博物馆，2011）

图 2-55　李恒福常服像　韩国国立中央博物馆藏

图 2-56　蔡济恭常服像　韩国水原华城博物馆藏

图 2-57　李昰应常服像　韩国首尔历史博物馆藏

图 2-58　赵儆獬豸胸背　韩国首尔历史博物馆藏

图 2-59　李爀圆领　韩国京畿道博物馆藏

等。这些墓中出土的常服，年代不一，形态有异，各具时代特征。除此之外，韩国传世的品官常服实物，数量更为可观，但大多是朝鲜末期乃至日帝强占时期的遗存（图2-60）。

图2-60　圆领　韩国国立民俗博物馆藏

第三章

士庶服饰

第一节　深衣

一、宋、明的深衣

民国元年（1912），孔教会在上海创立，此后迅速发酵，各地支会、分会纷纷创办，流寓东北的韩国人李承熙也在次年发起成立东三省韩人孔教会。当时的孔教总会已迁到北京，为寻求孔教总会的承认，李承熙于是有了北京之行。在北京期间，李承熙交游广泛，李文治、薛正清、龙泽厚、陈焕章等人，均与其有过往来。在互相的交往中，李文治等人或仿制李承熙穿用的缁布冠、深衣，或传写李承熙所著文字，或与其笔谈。值得注意的是，在双方的往来中，祀孔冠服颇为彼此所关注。民国三年正月十一日，李承熙之子李基仁赴孔教会，陈焕章问及李承熙的著述，并提到祭孔用的冠服。十三日，李承熙在法源寺大悲院寓所撰写《孔祀冠服说》（又作《圣祀冠服说》）。十六日，金起汉到李承熙寓所讲章甫、深衣，并且出示朝鲜时代儒者李恒老考定的深衣制度。十八日，送《孔教进行论》与《孔祀冠服说》给孔教总会。二月十七日，周嵩年拜访李承熙，二人笔谈，并谈到缁布冠。周嵩年问李承熙戴的是什么帽子，李承熙回答说是《仪礼》中的缁布冠。周嵩年当时想制作冠礼用的冠，就问缁布冠有没有地方能够买到，李承熙回答无处可买但制作十分容易，于是将《孔祀冠服说》出示并借给了周嵩年。周嵩年又说等龙泽厚回北京，当于孔教会中大力提倡古礼服。

李承熙的《孔祀冠服说》主张"今士子当冠章甫、服深衣以祀孔子"，并考定了章甫、深衣的制式。据李承熙的考证，章甫就是缁布冠。三月十二日，李文治请求仿制李承熙的缁布冠。十六日，李文治戴着仿制的缁布冠向李承熙问好。二十四日，李文治邀李承熙游北城南官坊，巧遇周熊涛，于是李文治设宴会贤饭馆。席间，周嵩年又请仿制缁布冠，托李文治将缁布冠传效。二十九日，李承熙离开北京准备回东北，李文治对未能仿制深衣表示遗憾，李承熙于是将一件深衣送给了李文治，并作《留寄李南彬深衣》一首，诗是这样说的：

> 冠衣造夏六千霜，王道低时法服亡。
> 赖有遗篇千古在，后生寻见古人章。
> 正值中原光复秋，圣师冠服好推求。
> 有是南彬天下士，深衣章甫为君留。

民国初年，新旧文化交替，各种思潮迭起，衣冠制度曾有一股复古回潮。埋没已久的深衣就在这思潮中浮现。率先做出尝试的，是章太炎的学生钱玄同。钱玄同曾作《深衣冠服说》，考定深衣制度，又在民国元年浙江军政府教育司科员任内，穿着自制的深衣上班。约略同时，浙江富阳的夏震武也以深衣闲居。民国二年九月，曲阜召开第一届全国孔教大会，同时举行大规模祭孔典礼。会上，陈焕章提议孔教会分会会长穿深衣，并鼓励会员穿深衣。祭孔当天，陈焕章就是穿着深衣参与（图3-1）。民国三年元旦，北京衍圣公府内的孔教会事务所祀孔，陈焕章、常赞春，韩国人全秉薰均以深衣行礼。二月初六仲春丁祭，大总统约使教育总长蔡儒楷代表祭祀，但蔡儒楷托事不出，公推李文治主持祭祀。当天，李文治、陈焕章、李时品三人都穿戴玄冠、深衣参与祭祀，来自韩国的数名会员也一样穿着深衣祭孔。这几名韩国会员中，就有李承熙父子。深衣与祭的李文治、陈焕章、李时品三人都与李承熙有过往来，而李文治民国三年还去过朝鲜，曾赴平壤参谒箕子墓，汉阳瞻拜大报坛，并到访李承熙的老家星州，结识张锡英等人。此后张锡英屡次写信给李文治，并将所著

图 3-1　陈焕章穿着深衣的旧照

的《缁布冠说》寄赠。张锡英民国二年也有过辽左之行，并曾写信给夏震武，夸赞他"倡明紫阳之学，衣冠制度反三古之物色"。民国三年八月，权丙夏代表东三省孔教支会参加第二届全国孔教大会，李承熙作《与曲阜孔教会中》，提议以后祭孔参加祭祀的儒士"皆服深衣、章甫、大带"（图 3-2），并吁请大总统"凡系典章冠服，一复中华旧仪"。据此，民国初年深衣的再现，固然是国内循礼复古的结果，却也不乏韩国人的响应与推波助澜。那么，为什么当时中韩两国的学人都对深衣情有独钟呢？

　　古礼中的冠服，就穿着历史的悠久与产生影响的深远来说，六冕、六翟之外，就是深衣。深衣之名，按唐人孔颖达的理解是

图 3-2　民国十八年曲阜孔教大会合影，孔德成右首一人穿着深衣

深衣衣裳相连，"被体深邃"，所以才叫深衣。深衣最早见于《礼记》中的《王制》《玉藻》《深衣》等篇，《深衣》篇论及深衣五法，深衣衣身、衣袖等的大概尺寸，带结系的位置，及穿用深衣的重要意义。《礼记》一书，大约秦末汉初就已撰集，在西汉宣帝时期由戴圣编成完帙。书中各篇，出自七十子及其后学之手，写定的年代前后参差，有人以为《王制》《玉藻》等十九篇成于战国中期，《深衣》等十三篇成于战国中晚期。深衣出现的时间，一般认为是在春秋战国之际，也有的认为更早。不过，根据已知的考古发掘材料，并没有能与《礼记》所记深衣相一致的出土实物与相关形象。与六冕、六翟以纹饰见出礼意不同，深衣只是以形制蕴含五法，人为设计的痕迹更为明显。六冕上的十二章、六翟上的翟纹，比较具象，不难理解；而深衣所取法的规、矩、绳、权、衡，较为抽象，不是很容易理解。实际上，在郑玄给《深衣》篇作注时已经很难具体准确。《礼记》记载的虽是先秦礼

制，但多有附会。所以，有一种观点认为经书所记的深衣，或许是一种理想上的设计，未必是现实中的穿着。

中古时候，深衣更多的只是见于经书的注疏，很少现实中的制作与穿用。这一局面，直到宋代才有所改变。宋代，贵族势衰，平民崛起，门阀制度崩溃，社会阶层流动性显著增强。在此形势下，上下通用之礼变得迫切。家庙、祭器、木主等成为当时人们普遍的关切，而新礼的实现则是通过复归古礼。深衣，在当时的理解中是上下通用的，因此受到时人的关注。尝试复兴深衣的第一人，是司马光。司马光《书仪》专门列有《深衣制度》一节，根据《礼记》郑注、孔疏及相关文献对深衣作了考证。文献的考释之外，司马光还制作并亲身穿用深衣（图3-3）。《礼记》记载的深衣，只提到深衣和带，比较简略。而司马光所制，深

图3-3　宋佚名《八相图》上司马光像
故宫博物院藏

衣、大带（绅、纽约）之外，又有玄冠、幅巾、黑履（冬夏异质），深衣、大带均附尺寸，衣、带、冠、履等都提到了材质和制作的方法，切实可行。自此，深衣终于由理想变为现实。

复兴深衣具有开创之功的是司马光，但使其光大的却是朱熹。司马光所制深衣后来被朱熹《家礼》吸收继承，从而具有划时代的意义。《家礼》卷一通礼首列祠堂，其次就是深衣制度。朱熹考定的制度与温公遗制大略相同，只是不叫玄冠而称缁冠，黑履的材质也不分冬夏。《家礼》更注重深衣的裁制与实际的穿用，对各个构件的尺寸、裁制及穿着的方法，都说得具体。更显著的一点，就是《家礼》首次为深衣绘制了插图，从而对深衣有了具象的理解。朱熹对深衣十分关注，在他写给朋友、门人的信中就曾多次提到。与司马光一样，朱熹对深衣的热情也并不仅限于经义上的考释，现实中也同样穿用。门人及女婿黄榦《朱子行状》就说朱熹闲居时，天还没亮就起床，穿戴深衣、幅巾、方履，"拜于家庙以及先圣"。《朱子语类》也记载朱熹在儿子死后穿戴深衣、幅巾在影堂前致荐。朱熹在病重临终之际，把深衣及所著的书传授给黄榦，并托付道"吾道之托在此，吾无憾矣"。这些例子均表现出朱熹身体力行的一面，以及深衣在他心中的分量。

那么，朱熹身后深衣是否就已广泛传播了呢?《宋史·舆服志》记载南宋时士大夫的衣服有五种，其中之一就是深衣。书后又记士大夫家祭祀、冠婚，无官者通用帽子、衫、带，如果不能预备，可以穿深衣或凉衫行礼。根据这些记载，好像南宋时深衣已十分流行。实际上，深衣的穿用仅限于朱熹门人与小部分好古的儒者之间，远未普及。即便是朱熹，晚年闲居所穿的，也不只是深衣一种。朱熹退休后曾效法吕希哲穿用野服（图3-4），因为野服穿脱方便。对此，宋元之际的马端临很是感慨，他认为司马光、吕希哲、朱熹在职的时候并不穿深衣，是怕取骇世俗，可

图3-4　朱熹野服像　南宋朱熹《行草书尺牍并大学
或问手稿》(局部) 辽宁省博物馆藏

见当时深衣并未流行。不过风气已开，加上后来朱熹的学说影响
渐广，深衣的讨论与实践逐渐变多。朱熹门人姜大中就曾考证深
衣之衽，并制作了深衣。与朱熹约略同时的杨简，也曾自制方领
深衣穿用。结合自身实践与当时实际，杨简还对深衣五法、续衽
钩边等问题作了辩证。后来，又有卓有立平生用力于深衣。宋
末，文天祥也撰有《深衣吉凶通服说》，论证深衣乃吉礼、凶礼
所通用。文中，文天祥对与深衣相配的冠屦也提出自己的看法，
认为诸侯、大夫、士以至庶人，肯定不是用的同一种冠。文天祥
提出，如果深衣作为吉服，则用缁冠；作为凶服，则受吊者、往
吊者当用练冠，不用玄冠。

　　宋代以后，朱熹的学说变得流行，从而涌现出了一批致力
于深衣研究的专门之作。此外，人们对经书、礼书的注解也常常
提到深衣。不过，围绕方领、曲裾、续衽钩边、裳等问题，众说
纷纭。这也导致深衣未能普遍流行，只限于部分好古之士。至元
十四年（1277），赵与熙穿戴深衣、幅巾见元世祖于上京，被元

世祖看重，后入翰林为待制，为直学士，累迁真学士。明代，王艮"按礼经制五常冠、深衣、大带、笏板服之"。明遗民朱舜水在回答日本人问到深衣的情形时，也说到当时人们并不常用深衣。生前穿用之外，深衣还用于入殓。由宋入元著有《深衣图说》的舒岳祥《闻鄞兵入仙居二首》诗其二，其中一句就说"深衣敛形日，嗟我一枝筇"。明初杨士奇预立遗嘱，交代身后也用深衣入殓。正统二年（1437）遗训中的一条，说是"用平日私居所服深衣敛棺中，悉屏金银等物"。正统九年遗训中的一条，也说"只用幅巾、深衣敛"。考古发掘材料所见，明人张懋就是以深衣、幅巾入殓（图3-5）。墓中张懋头戴幅巾，身着深衣，腰系大带，但用的并不是朱子深衣。明代深衣的制式有两种，一种就是见于《玉藻》、司马光所创、朱熹所辑的，另一种就是明代实际穿用的"有衣而无裳"的样式。张懋穿的与明代容像上见到的深衣（图3-6），下裳都不用十二幅，就是明代的深衣。

到了清代，深衣使用的范围就更窄了，但仍有黄宗羲《深衣考》，戴震《深衣考》，江永《深衣考误》，任大椿《深衣释例》，郑珍《深衣图说补》等多种专著，不过多是解经之作。黄宗羲《深衣考》，可以说是可据以制作深衣的一种。黄宗羲临终前，遗命"以所服角巾、深衣殓"。因为当时已是清代，深衣不是生前所能穿用，入殓所用的深衣应该是由黄宗羲自己考定的制度。黄

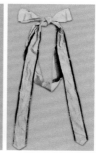

图3-5　张懋深衣、幅巾、大带　湖北省文物考古研究所藏

图 3-6　穿着深衣的明人像轴　美国普林斯顿
大学艺术博物馆藏

宗羲之外，又有遗民屈大均，生前留有遗训"吾死后，以幅巾、
深衣、大带、方舄成殓……书其碣曰明之遗民"。身后以深衣入
殓的，又有章太炎一家。章太炎曾记他的父亲章濬在《家训》中
的嘱托"吾先辈皆以深衣殓"，"吾家入清已七八世，殁皆用深衣
殓"，告诫在他死后不要用清代服饰入殓。章太炎一家的例子，
当然是极特殊、个别的例子，却也表明深衣在清代并未断绝。章
太炎籍属余杭，钱玄同出于湖州，夏震武隶属富阳，与黄宗羲所
在的余姚，都属于浙东地区；陈焕章生长高要，与屈大均所在的

番禺，同属岭南。深衣在民国初年复古浪潮中的再次浮现，不知是冥冥之中自有天意，抑或只是历史的偶然。

二、朝鲜的深衣

日本宽永十三年（朝鲜仁祖十四年，1636），应对马岛所请，为庆贺日本太平，朝鲜一改以往对日外交消极被动的姿态，派出以任絖为正使、金世濂为副使、黄㦿为从事官四百七十五人的使团赴日。一行于十月自釜山启程，十二月抵达江户，受到幕府的隆重接待。这一年的四月，皇太极受"宽温仁圣皇帝"尊号，建号大清，改元崇德，由于朝鲜拒绝劝进，使臣在其登极大典上也拒不下跪，双方关系即将破裂。十二月，皇太极东征，朝鲜臣服，因岁次丙子，朝鲜史称"丙子胡乱"。而当时明朝也自顾不暇，崇祯皇帝虽曾派总兵陈洪范调集各镇水师赴援，但未几"世子被擒，国王出降"，无法保全朝鲜。此次朝鲜遣使赴日，正是为了应对当时严峻形势而作出的外交政策上的调整。此行以早前所用的"通信使"为名，并被后世的使团沿用（图3-7）。

在日本期间，朝鲜使者一行照例与日本学者进行交流并作

图3-7　仁祖十四年通信使入江户城图（局部）　韩国国立中央博物馆藏

笔谈。当时日本方面的代表，最值得注意是林罗山。林罗山，江户初期著名的朱子学者，很早就进入幕府的权力中枢，身居要职，在重建日朝外交关系上曾发挥重要作用，他也曾六度与通信使交涉。朝鲜方面参与笔谈的，主要是学士权侙与写字官文弘绩、全荣。林罗山与权侙的问答，主要围绕朝鲜的官制展开。与文弘绩、全荣的笔谈则由傩戏傩礼谈起，其后又问起仁祖反正之事，文弘绩以"我国邦宪严明，臣不敢言君事"作为回答。朝鲜官制、军旅法、释奠之礼、俗语，也都是双方问答的内容。其中，还谈到了深衣。林罗山问起这次来的朝鲜人中，"缝裁之工手"中有没有知道深衣制作方法的，全荣回答：曾有刘希庆善于裁制深衣，但已九十高龄，去年也已过世。目前有学习裁制深衣的人，但这次并未跟随使团一同到来。林罗山又问：这次出使日本，有带深衣来吗？文弘绩回道：使团并没有带深衣前来。早先林罗山有从藤原惺窝（字敛夫）处借制深衣的事，而林家塾先圣殿的释菜礼也用深衣主祭，所以深衣的缝制他很关注。深衣制度是朱子《家礼》的重要内容，而日本深衣与朝鲜渊源颇深，所以笔谈之际才有了这番问答。

宽永二十年，为庆贺将军家光之子竹千代（即后来的将军家纲）诞生，朝鲜又派出通信使赴日。其间，双方展开笔谈，参与的人是林罗山、林春斋、林春德父子，以及朝鲜读祝官朴安期。笔谈之初，朴安期说起赴日以来求诗文和书画的日本人太多，以致忙于应酬，休息不好，但仍然未能满足需求，林罗山只好对此表示歉意。后来，又谈起养鹰的办法、烟草、朝鲜的官制，以及当下的时事，之前的使者任絖、金世濂、黄㦿及权侙等人的近况，等等。笔谈中，双方对各自国内儒学的情形也有介绍。林春德回顾朱子学在日本的尊崇，说起日本"近世惺窝藤敛夫及我老父初讲程朱之书，自是阖国皆尊崇程朱之学"，点出了藤原惺窝及其父林罗山在朱子学传播上的开创之功。朝鲜当时的鸿儒硕学，同样也见于笔谈。林春斋、林春德兄弟问及李滉，朴安期回答说"此我邦近来第一鸿儒也"，又问朝鲜当时的鸿儒有谁，朴安期答曰有李滉、李珥、成浑、张显光等数人。李滉，是朝鲜时代声名最著的朱子学者，被后世誉为"海东朱子""东方朱子"。成浑，是与藤原惺窝友善的姜沆之师，李珥又是成浑之友，而姜沆曾将深衣传至日本。当问及姜沆居留日本时与藤原惺窝的交往，及其归国后的情形，朝鲜使人显得有些隔膜，或者干脆说不知道。姜沆因为曾经被俘，回国后蛰伏乡里，未再出仕，"家居数十年，阨穷而不闷"。万历四十三年（朝鲜光海君七年，1615），丁父忧，"年已非致毁，而一执文公礼不懈，服阕逾年，遘疾不起"。四十六年五月初六日，姜沆过世，享年五十二岁。姜沆生前声名不显，所以当时知道他的人不多。

那么，姜沆传至日本的深衣最有可能源自哪里呢？事实上，李滉师徒在姜沆之前就已对深衣有所关注，并尝试制作。李滉与门人论学的书信，对此多有反映。在辛酉年（1561）给金就砺的一封信中，李滉提到深衣，没能参透深衣制度，问起京城里是否有知道深衣制度的人。庚午年（1570）一封信里，李滉问起制作深衣的事。另一封信中，又问及奇大升是否问起了怎样制作深衣，希望能够告知。李滉又提到送来的深衣、幅巾、大带已收到，深衣还没有试穿，目前还不知道制式如何。在其他的信里，李滉颇费笔墨地对深衣作了一次详细讨论，并提到幅巾，认为奇大升考定的幅巾不可戴，怀疑可用程子冠代替，但不确定程子冠是否符合制度。提到深衣，信里又说按照送来的"画寸"纸样及其尺寸制作了深衣，但裳好像太短，衣幅的宽度也不对，李滉改造后却很合身。金就砺曾送李滉深衣、幅巾、大带，"画寸"纸样好像也在当时一同送上。信中所说，李滉似曾据金就砺所送纸样另造深衣，但又作了改动。信后论及方领、裳、曲裾，李滉也有辨析，提及裳的下端里外都有缘边，疑心是否合规，如果用丘溍制度那么似乎该用曲裾，但好像又太过穿凿；如果依照《家礼》新做，当然得体，但用曲裾好像又稍微有些不对。提及大带，又说不知道缘制是怎么样的，问起奇大升有没有解说。可见李滉对深衣并非完全依照金就砺所说，而是在他的基础上又有损益改动，改动的根据则是《家礼》。

李滉门人禹性传对丧礼所用冠服也很有兴趣，他自然也注意到了金就砺制作的深衣，去信问李滉金就砺制作的深衣、幅巾是否合于古制。李滉回答：金就砺制作的深衣，不知道是否尽合古制，但大概不差，所以经常穿着。只是幅巾好像不尽合于古制，穿戴也不方便，姑且用程子冠代替。金就砺深衣用绵布，禹性传疑其当用白麻布，李滉自己也有疑惑。可见李滉师徒对金就砺的深衣也并非确然无疑。门人金诚一，记李滉的"饮食衣服之节"也说"金就砺造幅巾、深衣以送。先生曰幅巾似僧巾，言失其制。着之似未稳，乃服深衣而加程子冠"。1974年李惟台绘制的李滉像及韩币上的李滉像（图3-8），均用幅巾而非程子冠，与事实应稍有所出入。李滉门下，当时又有与姜沆约略同时的郑述，精于礼学，知名当世。郑述勤于著述，但这些书多数没能传世，现存只有《五先生礼说分类》《五服沿革图》《深衣制度》（文集中又有《深衣制造法》）几种。郑述考定的深衣，仍用幅巾，不用程子冠，这是他和李滉不同的一点。郑述的学说颇有影

图3-8　韩国千元纸币上的李滉像　韩国国立民俗博物馆藏

响，姜沆用的深衣，或许与他有些渊源。

朱子学在高丽末期就已传入朝鲜半岛，它的东传与当时前往中国的高丽人很有关系。高丽末期传播、发展朱子学的安珦、李穑、郑梦周等人都有入华经历。不过，深衣的传入更在此前。高丽睿宗元年（辽乾统六年，1106）正月，辽国使臣祭奠肃宗虞宫，当时的高丽国王就曾穿着深衣助奠，这也是目前所知高丽时代使用深衣的最早记载。当时朱熹尚未出世，显然不是后世的朱子深衣。至于图像，高丽末期入元的李齐贤有坐像一轴传世（图3-9），穿的正是深衣。但李齐贤在元朝游历居留二十多年，他的画像也是元人陈鉴如画的，像上用的当然也是元朝人的深衣。早期朱子学的传习更多侧重性理，随着朝鲜儒家化进程的推进，便于士庶亲身实践的礼学逐渐兴盛。十六世纪以后，冠婚丧祭四礼相关的著作大量涌现，并对当时社会形成笼罩性的影响，朱子学在朝鲜半岛大放异彩。曹好益《家礼考证》，金长生《家礼辑览》《疑礼问解》，申湜《家礼谚解》，俞启《家礼源流》，郑重器《家礼辑要》，李宜朝《家礼增解》，李縡《四礼便览》，李爀《四礼纂说》，沈宜元《四礼辑要》，申义庆《丧礼备要》，姜銑《丧祭辑要》，南道振《礼书札记》，朴圣源《礼疑类辑》，郑镐《礼仪补遗》，宋时烈《尤庵经礼问答》，尹拯《明斋先生仪礼问答》，权尚夏《寒水斋先生礼说》，洪直弼《梅山先生礼说》，等等，都是朝鲜中后期基于《家礼》研究礼学的专著。深衣既见于《家礼》，当然也在上面这些书里有所论及。至于李滉师徒间的这类讲论，更是数不胜数，朝鲜士人文集里面也比比皆是。深衣相关的专著（图3-10），同样也有不少。

围绕深衣的方领、曲裾、续衽钩边、裳等问题，后世经师常有注说，又因师说不同形成众说纷纭的局面。朝鲜深衣，同于中国，注说者很多，但莫衷一是。当时能自成一家的，除前述的郑述外，比较有影响的还有韩百谦、李最之、尹得观等人。其中李

图 3-9　李齐贤像　韩国国立中央博物馆藏

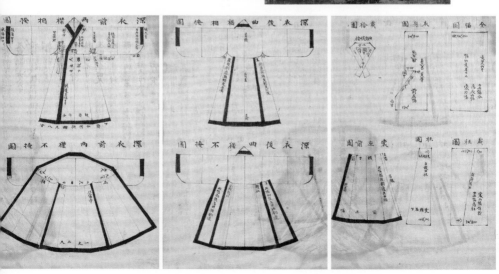

图 3-10　《深衣余论》图式（刊年未详，韩国奎章阁韩国学研究院藏）

最之、尹得观二人的学说，当时就已有人遵从并制作，后来也不乏信从的人。李最之的侄子李麟祥肖像上所见的深衣（图3-11），或许就是他的叔父考定的深衣；尹得观（号竹菴）考定的深衣，则有纸样存世（图3-12），上书"尹竹菴制度"，显然是后世所用。古制，上自天子下至庶人都可穿用深衣。不过，自司马光创制以来，似仅限于士大夫。后世帝王冠服中，中单等或"如深衣制""衬用深衣之制"，但终究不是深衣。反倒在朝鲜，深衣真正做到了上下共用，"上下不嫌同名，吉凶不嫌同制"，切合古制。韩国现存有韩末兴宣大院君肖像多轴，均由李汉喆、李昌钰绘制，韩弘迪装裱，其中一轴用的冠服就是幅巾、深衣（图3-13）。兴

图3-11　李麟祥像　韩国国立中央博物馆藏

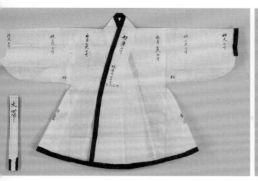

图 3-12　深衣纸样　韩国国立民俗博物馆藏

图 3-13　李昰应深衣像　韩国首尔历史博物馆藏

宣大院君是国王高宗的生父，而李汉喆、李昌钰则是为国王画像的画师，韩弘迪是国王御真的装裱师。历史上，翼宗、高宗、纯宗的御真中均有穿戴幅巾（深衣）的，但都毁于大火，没能传世。在高宗的众多御真中，穿戴幅巾（深衣）的御真最像高宗本人，这一御真虽然没能传世，但可根据兴宣大院君的肖像推想其样式。

三、日本的深衣

乾隆十七年（1752）十一月二十一日，一艘南京商船从乍浦开往广南购买沉香、药材、白糖等货物（图3-14）。十二月二十七日到达广南，装载满船后，第二年七月初八日开船前往长崎贸易。其间，因风讯不顺，七月二十八日无奈回转国内普陀等待季风。十一月初七日，开船再度前往长崎。十八日，遭遇飓风，正舵被打断。海上巨浪滔天，担心船只沉没，不得已舍弃货物八百余包，"庶得船轻浪浮，随风漂流"。二十三日，暴风又将大桅折断。十二月初十日，终于漂到日本伊豆的八丈岛，船上

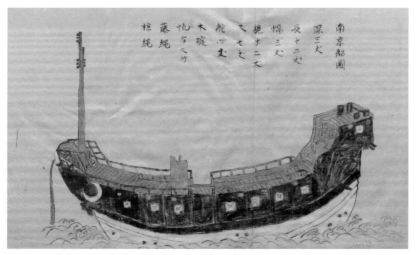

图3-14　南京船　选自《巡海录》（宝历三年写本，日本国立公文书馆藏）

七十一人获救。清乾隆十九年（宝历四年，1754）三月，日本地方具状转奏幕府，奉命将商船及其船员"移送长崎，转回唐山"，由伊豆知尹山本平八郎护送。四月，山本派人发舟往八丈岛将船员迎到下田港。七月初六日，搭乘船员的和合丸、大杉丸驶向长崎，由此踏上归途。这期间，由于言语不通，日方派出两名记室用笔谈的方式负责沟通。

在这过程中，两名记室对船员多有关照，船主高山辉、程剑南也是铭感在心。离别之际，双方都有不舍之意。七月初四日晚上，船员在船上设酒，致谢记室，"抵掌笑谈，彼[此]情通"。初五日，双方又畅叙良久，笔谈最后的内容仍然是惜别之情，各道珍重。初六日，和合丸、大杉丸各自起航，记室乘舟作别，船员们"拜遥揖别"，由此天各一方。事后，其中的一名记室以笔谈的内容为基础将商船的漂流经历写成《巡海录》一书，并请其师撰序，序中对他们的工作给予了高度的肯定。这名记室后来成为一代汉学大家，他就是关修龄。关修龄，字君长，号松窗，师事井上兰台（即井通熙），撰有《国语略说》《战国策高注补正》等书，并对中国有所影响。

异地相逢，引人好奇的当然包括清人的冠服。对此，关修龄也多有关注，笔谈之中就曾多次问及。关修龄问程剑南：戴的帽子叫什么？程回：本是夏帽，唐语凉帽。关又问：穿的是啥？程回：外穿的是外套，里面穿的袍子又叫箭衣，再里面是长衫。关修龄问黄奕珍：你穿的叫什么？黄回：这是短衫，穿的是裤子。关修龄又曾向高山辉借看冬衣冬帽。《巡海录》的卷首，正是一名头戴凉帽、身着外套箭衣的清人（图3-15），根据笔谈内容，应该就是船主程剑南。卷首同样还画有一人，身着短衫、裤子，一手挥扇（图3-16），对照笔谈，应该是黄奕珍。黄奕珍像前，另有一名童子，手持烟杆，其上系一烟包。对照"童子颜延发来府，以烟包、烟筒、手巾赐之"的记述，可知是童子颜延发。根

图 3-15　船主像　选自《巡海录》（宝历
三年写本，日本国立公文书馆藏）

图 3-16　黄奕珍、颜延发像　选自《巡海录》（宝历三年写本，日本国立
公文书馆藏）

据这些，关俿龄在笔谈中的巨细无遗，实际上并非随意发问。

离别的头一天，谈完公事，关俿龄又就关心的话题与船员作了问答。关俿龄带着深衣、幅巾及东坡巾，展示给船员，并说：这是深衣，我国上古深衣的制式，完全遵照礼书。近世以来，或遵从司马温公、朱文公的学说，说的就是这个，不过学者中间也有不同的理解。想必贵国肯定也有深衣，今天特此向各位请教。高山辉、程剑南、董昌仁仔细看过后，说道：这是明朝秀才的服式。清朝衣冠都已经改制，前朝旧式，一概不敢私自藏留，所以我们只是在演戏时见过，东坡巾也有。深衣之外，关俿龄又问起朝廷乐曲、祭孔乐器、发辫等问题，船员们一一作了回答。关俿龄十一二岁就已得闻祭孔乐曲，离别前一天的这番问答，应该是他较为关心的内容。而在此之前，关于商船上江户府御用之物中的玉带，双方也曾有过一番问答。关俿龄问：江户幕府御用的物件内有玉带，不知是什么物件？黄奕珍回答说：这是朝见所用之物，佩于腰间，是官员用的。接着又补充道：玉带在敝国是宝物，帝王官员才能够用。关俿龄携深衣向船员咨询一事，有学者认为是一种夸示，以显示出日本人对清人冠服的蔑视。与其说如此，其实毋宁说是作为儒者的关俿龄的求知欲使然。咨询深衣的本意，正犹询问玉带，当然也没有傲视之意。

通观关俿龄的记述，彼此都很友善。初抵下田港当晚，念及船员"耽阁日久，又无聊赖"，关俿龄特意送来鱼、酒、酱油，以便"求兴醉中，以慰客思"。此后，日方每天提供鱼、酒等物，而笔谈的内容也随此展开。如红鱼、黄鱼、室鱼、松鱼，南京未见，但长崎有红鱼，名为黄山鱼，室鱼则福州有之，松鱼长崎也有，船员们往往晒干后带回国内送人，"味甚美"；香瓜，清国"亦以冰盘待客"。南京到长崎的水路里程、船主到长崎的次数、清朝的历书、国姓爷子孙的情况、烟草品质的优劣，等等，均在双方笔谈的内容之列。事虽琐细，却同样反映出关俿龄"多识于鸟兽草木之名"的努力和对清国的浓厚兴趣。其间，关脩龄又赠送兰花，"虽则本邦之物，本是贵国所出也，把玩消日，聊慰思乡之情"。另一记室宫士文也送上美浓州出产的中绵纸，以便船主"稍可写字"。笔谈中，关脩龄也不时流露出对中国的钦慕之情。诸如此类，笔谈中有很多，似乎也不仅仅是口头上的虚辞。

那么，关脩龄的深衣是哪来的呢？书中没有说明，不得而知。不过说起深衣在日本的流传，不得不提一个人，那就是被视为近世日本朱子学始祖的藤原惺窝。天正十八年（明万历十八年，1590），朝鲜通信使黄允吉、金诚一、许筬等人访日，藤原惺窝曾与三使笔谈并有诗歌唱和。副使金诚一，乃"海东朱子"李滉门下三杰之一，从事官许筬则师事李滉的门人柳希春。与二人的接触为时较短，朱子学对藤原惺窝的影响或许有限。真正对藤原惺窝产生影响的，是因战乱而被虏至日本的朝鲜人姜沆。姜沆，师承成浑，而成浑乃海东十八贤之一。庆长三年（明万历二十六年，1598），姜沆被虏至京都，藤原惺窝于是与姜沆经常往来，同时交往的还有大名赤松广通。赤松广通"笃好唐制及朝鲜礼，于衣服饮食末节，必欲效唐与朝鲜"，曾向姜沆及被虏的朝鲜人"求书六经大文"，并偷偷资给，助其归国。得知释菜仪目后，在其领地内"督立孔子庙"，制作朝鲜祭服祭冠，"间日率其下习祭仪"。此后，藤原惺窝也是"乃深衣而讲儒学"（图3-17），应该是在与姜沆等人的交往过程中知道并制作了深衣。庆长五年，在藤原惺窝的帮助下，姜沆回国。这年九月，德川家康进京，藤原惺窝"深衣道服谒幕下（家康），欲听其言"。自此，在日本知道深衣的人渐多，但主要还是在藤原惺窝及其门人间小范围内流行。

使深衣流行开来并在一定程度上有所保持的，是藤原惺窝的弟子林罗山。当时弱冠之年的林罗山，"声名藉甚"，想要拜见一代儒宗藤原惺窝，但没有中间人介绍。偶逢藤原惺窝门下的吉田玄之，林罗山就想着让他代为致意。庆长九年三月初一日，林罗

図 3-17　藤原惺窩像　日本东京国立博物馆藏

山写信给吉田玄之，信的开头就从深衣说起。信的开篇，林罗山就指出日本的儒服之制以藤原惺窝为滥觞。其后又述及日本儒道不行，对儒服尚多疑虑等情形。"或曰：先生今衣深衣，于儒可也，奈人之疑何"？林罗山以蜀犬吠日为喻，批评少见多怪，认为"今夫深衣者，儒者之法服乎？为儒服，儒服何所怪也哉"。末了，林罗山表态，"今也当于先生之儒服之服也，儒学之讲也"。十一天后，藤原惺窝读到这封信后，在十二日回信。信中，藤原惺窝对林罗山的推许作了谦让，同时也对儒者穿用深衣表明了坚决的立场，说是日本气运隆盛的时候，"文物伟器"能够与中华抗衡。而当时大学寮的诸儒，砥砺节行，孜孜不倦。在这时候，如果儒者不服儒服、不行儒行、不讲儒礼，怎么称得上是儒者呢。

　　闰八月二十四日，林罗山通过贺古宗隆拜见藤原惺窝，终日侍坐，多有问答。其间，林罗山想要借深衣仿制，藤原惺窝慷慨出借。藤原惺窝说：我穿深衣，有朝鲜人问到"穿深衣固然可以，那剃发又怎么办呢"，我回道"暂且遵从时俗。泰伯逃亡荆蛮，断发文身，圣人不也是赞许他的至德么"。林罗山请贺古宗隆借来深衣，想要仿制，藤原惺窝同意了。第二天，拿到深衣、道服，林罗山叫裁缝依法裁剪素布制作了深衣。二十六日，藤原惺窝写信给林罗山，提起深衣，说道：答应出借的深衣一领，道服一领，以及相应的裁制方法，深衣稍微杂糅了国服的样式，为的是取便一时。如果要遵照明朝的制式，将衣袖缩短、下裳放长就行。当天，在另一封信里又说"深衣制了珍重，道服奈何"。可见林罗山后来完成了深衣的制作。而且后来确也效法藤原惺窝，"自是着深衣讲书"（图 3-18）。宽永十年（明崇祯六年，1633），林罗山在家塾中建成先圣殿并首次举行释菜礼，献官以下诸执事"皆服深衣、幅巾"，自此为例。元禄三年（清康熙二十九年，1690），将军德川纲吉下令将林家塾中的先圣殿移筑神田，称大成殿，与周围附属建筑合称圣堂（即汤岛圣堂）。

图3-18 林罗山像 选自《先哲像传》（弘化元年刊本，日本国立公文书馆藏）

次年，将军亲临释奠，献官穿绯袍束带，执事官则穿无纹的狩衣，林家私人所用的深衣才未再使用。

此后，深衣虽然还在日本使用，但范围很小，穿用或只在个人。深衣在江户初期的日本曾引起强烈关注，但也并不仅限于朱子学派。水户学派的儒者也曾委托亡命日本的朱舜水制作深衣，最后并没有制成；蘐园学派中的服部南郭也曾经试图复制深衣，深衣的图样、纸样现在也有存世。关于深衣图样，早稻田大学图书馆藏有平田职康旧藏的《家礼改图》数张，其中并附野服之制（图3-19）。后世的不少儒者还致力于经学上的考证，如中井履轩所著的《深衣图解》（图3-20），及猪饲敬所所撰的《深衣考》（《读礼肆考》四考之一），就是其中较为人知的两种。又如大和田气求撰的《大和家礼》、浅见絅斋校注的《家礼图》、新井白石撰的《家礼仪节考》，也都对深衣有所考证。

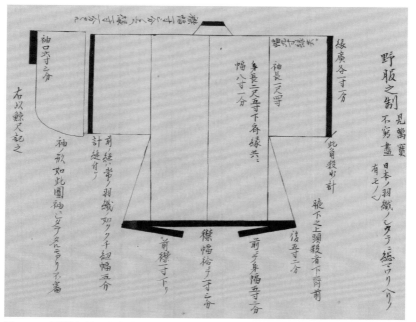

图 3-19　野服之制　选自《家礼改图》（书写年不明，日本早稻田大学图书馆藏）

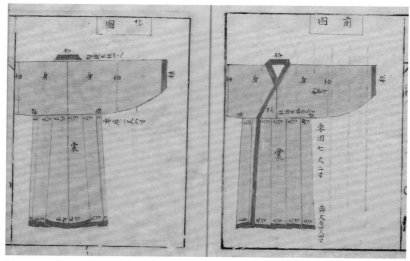

图 3-20　《深衣图解》之内页图

第二节　笠帽

一、元、明的笠帽

河南王卜怜吉歹在担任河南行省左丞相时，有一天，掾史田荣甫抱着一大堆文书到他府上请他盖印，河南王留田荣甫参加宴会，在令掌管印钥的人打开印匣拿到跟前时，田荣甫不小心将印碰落在地。河南王当时穿的正好是新换的新衣服，印泥弄了河南王一身，不过河南王神色一点没变，高兴地喝酒直至晚上。又有一天，河南王到郊外散步，天气渐热，他换了一顶凉帽，侍者捧着笠帽在一旁侍立，结果一阵风吹来把笠帽吹落在了石头上，好巧不巧正好把笠帽上装饰的皇帝御赐的玉顶子给摔碎了。河南王见后笑着说"这都是有定数的"，叫侍者不用担心受罚。这是陶宗仪在《南村辍耕录》中记载的河南王的两个故事，陶宗仪感叹的是河南王作为河南行省左丞相的度量。

河南王故事中提到当时的笠帽上嵌有玉顶子，这其实是元代笠帽上的普遍装饰。蒙、元时代，不论男女，均戴冠帽，男子"冬帽而夏笠"，各有规制。叶子奇在《草木子》中就曾记载"帽子系腰，元服也"，又说元代官民皆戴帽，帽檐或圆，或者前圆后方。根据《元史·舆服志》的记载，元代天子质孙服，冬天的款式有十一种，夏天的款式有十五种，根据所穿衣服的不同，戴的笠帽也各有不同。冬天戴的有金锦暖帽、七宝重顶冠、红金褡子暖帽、白金褡子暖帽、银鼠暖帽。夏天戴的有宝顶金凤钹笠、珠子卷云冠、珠缘边钹笠、白藤宝贝帽、金凤顶笠、金凤顶漆纱冠、黄牙忽宝贝珠子带后檐帽、七宝漆纱带后檐帽。高丽时代的汉语教科书《老乞大》中记录的元人冠帽有水獭毛毡儿、貂鼠皮檐儿、单桃牛尾笠子、暗花绫丝帽儿、云南毡海青帽儿、青毡钵

笠儿、貂鼠檐儿皮帽、毡帽儿、桃尖棕帽儿、副圆棕帽儿、织结
棕帽儿等。

　　蒙、元时代不仅笠帽种类繁多，帽顶和帽缨也大多用各种
金玉珠宝装饰。上海青浦县元代任明墓出土的春水玉帽顶（图
3-21），全器透雕而成，莲荷之下立以水禽，当时流行春水玉，
河南王被摔碎的御赐玉顶子应该就是这类。同样是高丽时代汉语
教科书的《朴通事》记述两个操马舍人的打扮，他们头上戴的，
一个是"江西十分上等真结综帽儿上，缀着上等玲珑羊脂玉顶
儿，又是个鸂鶒翎儿"，另一个是"八瓣儿铺翠真言字妆金大帽
上，指头来大紫鸦忽顶儿，傍边插孔雀翎儿"。帽顶用金玉宝石
制作，旁边插着翎羽，台北故宫博物院藏南薰殿旧藏的元文宗等
人的御容上（图3-22），有其具体的形象。《老乞大》写一个舍
人公子按四时穿衣服，说头上戴的帽子，是"好水獭毛毡儿、貂
皮檐儿，琥珀珠儿西番莲金顶子"。制作这样一顶笠帽的花费大
概是二十锭钞。又有单桃牛尾笠子、玉珠儿羊脂玉顶子，制作这
样一顶笠帽则需要三十锭钞。另有裁帛暗花绉丝帽儿、云南毡海
青帽儿、青毡钵笠儿、貂鼠檐儿皮帽，"上头都有金顶子，又有

图3-21　任明玉帽顶　上海博物馆藏　　　图3-22　元文宗御容　台北故宫博物院藏

红玛瑙珠儿"。同书记载高丽商人贩回国内的货物中也有"桃尖棕帽儿一百个，琥珀顶子一百副"。《老乞大》记载的除有各式帽顶外，还有帽缨，其中就有烧珠儿、玛瑙珠儿、红玛瑙珠儿、琥珀珠儿、玉珠儿、香串珠儿、水晶珠儿、珊瑚珠儿帽缨，等等。根据考古发掘，蒙、元笠帽与帽顶、帽缨也有一些一起出土的例子，比如甘肃漳县汪世显家族墓出土的镶宝石笠帽（图3-23），帽、顶、缨并存，以金玉为顶，并缀十三颗各色玉石作为帽缨，跟文献的记载大体也能对应。

　　当时帽顶上用的各种宝石，种类很多。《南村辍耕录》就记载了当时众多的"回回石头"，种类不一，价格也不一样。书中还提及大德年间，本土的巨商卖给官府重一两三钱的红刺一块，价值中统钞十四万，最后被镶嵌在了帽顶上。自此之后，历朝皇帝都对这个帽顶十分珍视，但凡正旦及天寿节大朝贺的时候，就拿出来戴一戴。这段记录之后陶宗仪还开列了各种宝石名目，计有红宝石四种、绿宝石四种、蓝宝石十种、甸子四种。可见当时笠帽上用的宝石的品种繁多，帽顶上装饰的富丽也可以想见。由于笠帽上装饰有各种珍珠、宝石，所以又有"珠帽""珍珠帽"的叫法。《元史》中有非常多的这类记载，如《英宗本纪》记载"赐诸王阿木里台宴服、珠帽"；《土土哈传》记载"诏赐珠帽、

图3-23　镶宝石笠帽　甘肃省博物馆藏

珠衣、金带、玉带、海东青鹘各一"；《李庭传》也记载"赐以珠帽、珠半臂、金带各一，银六铤"。当然，提到珠帽的还有当时的文人文集。如贡师泰《上京大宴和樊时中侍御》诗中就有一句说"平沙班诈马，别殿燕棕毛。凤簇珍珠帽，龙盘锦绣袍"；廼贤《失剌斡耳朵观诈马宴奉次贡泰甫授经先生韵》诗之一也说"绣衣珠帽佳公子，千骑扬镳过柳堤"；袁桷《装马曲》诗还说"伏日翠裘不知重，珠帽齐肩颤金凤"。

　　蒙、元笠帽有的原先是宫中所创，然后推广至民间，如前加檐帽。《元史》记载旧时样式的笠帽原本并无前面的帽檐，有一次元世祖忽必烈射猎，当天阳光太过耀眼，忽必烈随口将这事告诉了他的察必皇后，皇后于是给笠帽加上了前面的帽檐，以遮挡阳光。忽必烈非常高兴，下令定为样式，后来民间都效仿这种笠帽，从此传播开来。汪世显家族墓出土的一顶笠帽（图3-24），帽前有檐，应该就是这类前加檐帽。当然，笠帽中也有仅限于宫中使用，宫廷之外及民间禁止制作或穿戴的。《元典章》记载大德元年（1297）中书省咨利用监呈杂造局的申告，里面提及皇帝"新样黑羔细花儿斜皮帽子一个"，进呈给皇帝看过。随后遵奉圣

图3-24　前加檐帽　甘肃省博物馆藏

旨：今后这皮帽子不要再给人做，如果再给别人做，将会判定死罪。当时不仅对笠帽的式样有一些规定，对帽顶也有一些禁令。《元典章》记载了大德十一年的一条规定，其中说到"金翅雕样皮帽顶儿"今后不要再做了，别人也不许再戴。如果做了，做的人将要被追究责任。戴的人，帽顶罚没，同样也要被定罪。内蒙古乌兰察布盟出土过元代的迦陵频迦金帽顶一件（图3-25），帽顶上所谓的迦陵频迦，实际上正是金翅雕。另外，至大元年（1308）的谕旨也曾提及一个叫刁不膳的缝制皮帽的人，皇帝责怪他御用的皮帽样子为什么缝制了给驸马用。皇帝饬令今后御用的皮帽样子，街面上明令禁止，不许再缝制。如果再犯，叫留守司官员们在街面上通告将以犯罪论处。

元明易代之后，明太祖诏令"衣冠制度悉如唐宋之旧"，可事实上帽笠、帽顶、帽缨之制仍被袭用。《大明会典》记载了对职官、庶人帽顶、帽珠的规定。这些规定是：一品、二品的职官，帽顶、帽珠用玉；三品至五品，帽顶用金，帽珠除了玉外，其他材质随其所用；六品至九品，帽顶用银，帽珠用玛瑙、水晶、香木。庶人的帽子上，不许用顶子，帽珠只许用水晶、香

图3-25　迦陵频迦金帽顶　内蒙古博物院藏

木。2001 年，湖北钟祥市发掘了明代永宣时期的梁庄王墓，墓中共出土了帽顶六件，均由喇叭形金镶宝石覆莲底座和座顶镶嵌宝石或镂空玉龙的顶饰组成。底座口的覆莲，单联瓣的有二件，重瓣（大小花瓣相间）的四件，瓣与瓣之间一般都有一个小穿孔。底座均是分件锤鍱，再金焊合成。其中金镶玉龙帽顶二件、金镶宝石帽顶四件（图 3-26）。梁庄王墓出土的这些帽顶，当时原先应该嵌于哪种冠帽之上，因为墓中的帽子都已朽烂，并不十分清楚。幸运的是，从存世的《明宣宗行乐图》《明宪宗元宵行乐图》等图像资料中（图 3-27），大抵还能看到装饰有这类帽顶的冠帽。在这些行乐图中，皇帝都是头戴窄檐大帽（爪剌），身上穿着曳撒，腰间系着绦带，脚上踏着白色鹿皮靴。帽檐外参如钹笠并饰珍珠，帽顶则缀一顶座，上面镶嵌着宝石。

到了明代中后期，对于帽顶，知道的人渐渐的少了，以至于多被误认为是炉顶，并且还以为是唐宋时期的物件。沈德符《万历野获编》就记载当时珍视玉帽顶，其中有的很大，径达三寸、高至四寸，因为可以作为鼎彝上镶嵌装饰的炉顶，价格比三十年前多出了十倍。买的人问起来，卖的人就说这是宋代的，又有的

图 3-26　金镶宝石白玉镂空龙穿牡丹帽顶
湖北省博物馆藏

图 3-27　明宣宗行乐图（局部）
故宫博物院藏

说宋代没有这东西，肯定是唐代的，竟然已不知道这实际上是元代的物件。《万历野获编》又记载元代时朝会过后，王公贵人都戴大帽，以大帽上顶子的花样作为等差。帽顶中曾有九龙而一龙正面的，这种样式的帽顶是元代皇帝御用的。当时都是出自西域国手之手，价格最贵的能达到数千金。不过明代中后期，帽顶装饰也并未完全废弃，嘉靖年间严嵩抄家所得的物品目录《天水冰山录》记录的就有各种帽顶共三十五个。明末的墓葬中，帽顶也出土过一些，如北京青龙桥董四村明墓就曾有过出土，而且式样已经与清代的朝冠顶十分接近。

明清易代，帽顶这一装饰仍然被沿用。清代朝冠和吉服冠两种冠帽上面都装饰有帽顶（图 3-28），同样也用来区分等级。帝后、诸王、贝勒、贝子及文武大臣用的帽顶材质各自有所区别。当时的制度是：一品用红宝石顶，二品用珊瑚顶，三品用蓝宝石顶，四品用青金石顶，五品用水晶石顶，六品用砗磲顶。后来宝石又被玻璃替代，所以称呼上相应地也有所变化。如称一品为亮

图 3-28　缀砗磲顶冬朝冠　美国波士顿美术馆藏

红顶，二品为涅红顶，三品为亮蓝顶，四品为涅蓝顶，五品为亮白顶，六品为涅白顶。至于七品的素金顶，也被黄铜所代替。

二、朝鲜的笠帽

洪武二十五年（高丽恭让王四年，1392）七月十二日，高丽王朝的最后一位国王恭让王被废黜。七月十四日，李成桂被拥立为王，即位于高丽王都开京（今开城）的寿昌宫，从而开创了此后延续五百余年的朝鲜王朝。洪武二十四年七月十四日，就在高丽王朝被取代整一年前的这一天，李成桂献物于恭让王，恭让王赐李成桂衣襨、笠子、宝缨、鞍马，李成桂随即穿戴获赐的衣服、笠子等物入宫拜谢。到了晚上，密直副使柳曼殊紧锁宫门，李成桂之子李芳远偷偷告诉他的父亲，让他赶紧出宫。最终，掌管宫门钥匙的金直打开宫门，李成桂在李芳远的陪护下得以顺利回到家中。在回家的路上，李成桂骑在马上，回头告诉李芳远，指着头上戴的笠子下垂挂着的宝缨说到，"这帽缨确实是奇品，日后我会把它传给你"。第二天，恭让王大怒，将金直囚禁了起来。李成桂再次来到宫中谢罪，告知是因为自己不胜酒力喝多了才让金直开的宫门，恭让王最终赦免了金直。自威化岛回军以来，在恭让王之前，李成桂已经接连废黜两位高丽国王。当时恭让王的地位也已岌岌可危，恭让王和李成桂之间的权力争斗十分激烈。恭让王将李成桂留在宫中，应该也是计划酝酿一起政坛上的变动。不过，李成桂还是成功脱逃，并最终推翻了高丽王朝，建立起新的王朝。李成桂成了朝鲜王朝的第一位国王，后世被称为太祖，而李芳远后来也果真成为了朝鲜王朝的第三位国王，也就是后世所称的太宗，无意中应验了李成桂"日后我会把它传给你"的话语。当然，《高丽史》的成书在朝鲜文宗元年（明景泰二年，1451），已在太宗之后，太祖马上对太宗所说的话更像是出于后世的增饰，以表明太祖、太宗王位传承的正当性。

蒙、元的笠帽与其装饰帽顶、帽缨的风俗，很早就已传入朝鲜半岛。元朝时候的高丽，世子大多入居大元，濡染蒙古风俗。自忠宣王以后，高丽历任国王，除了末代恭让王外，都有蒙古血统，而且自忠宣王至恭愍王各王也都有蒙古名字。忠烈王很早就作为质子去过元朝，并且娶了元世祖忽必烈的女儿忽都鲁揭里迷失公主为妃。忠烈王在元朝时，就已经穿着蒙古服饰而且辫发，某次回国时就是这般装扮。元宗十五年（元至元十一年，1274）归国继承王位后，忠烈王主张尽快实行辫发、胡服。忠烈王四年（元至元十五年，1278）二月，令高丽境内都穿用蒙古服饰，并且剃发。蒙古风俗，把头发剃去头顶到额头以外部位，中间的头发留着，两侧的头发则结成发辫。当时高丽国内从宰相到一般官员，无不剃发。恭愍王六年（元至正七年，1357）闰九月，下令今后文武百官穿戴黑衣青笠。恭愍王十六年七月，规定黑笠上顶子的材质：诸君宰枢、代言、判书、上大护军、判通礼门三司左右尹、知通礼门，黑笠白玉顶子；三亲从诸总郎、三司副使、八备身前陪后殿护军，黑笠青玉顶子；诸正佐郎，黑笠水精顶子；省台、成均、典校、知制教员及外方各官员，黑笠随品顶子；县令监务，黑笠无台水精顶子。九月，百官开始戴着笠子朝谒。恭愍王二十一年（明洪武五年，1372）五月，命代言班主以上都戴黑草方笠。恭愍王二十三年四月，命宰相、台省、重房阁门戴笠子。辛禑元年（明洪武八年，1375）十二月，令各司胥吏戴白方笠。

　　以上历代高丽国王所下达的事关笠帽的命令，都是出自《高丽史》。据《高丽史》的记载，高丽的帽顶、帽缨，除从元朝贸易购入的之外，也有元末中国南方割据政权赠送的。如当时的张士诚就曾派出周仲瞻去高丽，并以玉缨、玉顶子等物品作为礼物。《高丽史》之外，记述当时笠帽的还有高丽编纂的两本汉语教科书，这也就是上一节文中提到过的《朴通事》和《老乞大》。相关的内容，已在前面提到。从书中的描写和对话中，可知当时的高丽人对笠帽及其装饰完全不陌生。至于高丽时期的笠帽实物，似乎并没有存世。不过，高丽时期的肖像画还有一些传世，其中的一些人用的就是元人装束。如星州李氏高丽时期的几位先祖，就是头戴笠帽，是很明显的蒙、元样式（图3-29）。关于笠帽的起源，还有一种传说认为是相传朝鲜人好斗，所以当初箕子来到朝鲜的时候，创制了大笠长袖，使得人们像戴了枷锁一样，不能动不动就打架。当然，这种说法其实并没有太大的根据，更像是后世之人的一种附会。

到了朝鲜时代，笠帽、帽顶、帽缨仍然被沿用，笠帽还发展出各种样式，具有众多的名称。太祖李成桂即位当年的九月，设宴宴请开国功臣，各自赏赐了纪功教书、录券、金银带之外，还特意给侍中裴克廉、赵浚赏赐了高顶笠、玉顶子、玉缨具。后来，又对赵浚有草笠及玉缨子的赏赐，奉化伯郑道传、宜城君南

图3-29　李兆年像摹本（局部）　韩国国立民俗博物馆藏

闾也获赐草笠。而当时投降朝鲜的倭人头领，也有高顶笠等物的赏赐。在后世，无论是赏赐国内大臣，还是包括明朝使臣在内的外国使臣、倭人头领、女真领袖，赏赐物品中也都往往可以见到衣服、笠帽、靴子等物。相关事例，《朝鲜王朝实录》中的记载比比皆是，难以一一列举。朝鲜时代，对笠帽及其缨子等装饰在制度上的规定，则始见于《经国大典》。《经国大典》卷三礼典"仪章"对帽顶、帽缨质地、颜色作了相应的规定：一品，笠缨用金玉，笠饰用银，大君用金；二品、三品，笠缨用金玉，笠饰用银。堂上三品以上，戎服紫笠贝缨，堂下三品以下，戎服黑笠晶缨。这是典制中对笠制所作的规定，但更多的笠帽却不在规定范围之内。

根据文献记载，朝鲜时代的笠帽很多，数不胜数。文官中的堂上官戎服用的笠子有纱笠、朱笠，武官公私所用的有猪毛笠、骢笠。郡邑中的小吏，用罗济笠。壬辰倭乱之后，罗济笠被废弃，小吏们开始戴竹笠。童子行冠礼后，开始戴草笠。此外，又有竹战笠、毡笠、薜萝绳笠、僧笠等笠帽。服丧期间，又有方笠。弘治初年，朝鲜崔溥漂流到明朝，明朝官员曾问起他戴的方笠，崔溥回答说是遭逢丧事的人以罪人自处，想要不见天日所以才戴方笠。不同时期，笠制高低不一、宽窄各异，随时变化，没有一定之规。有一阵子，笠子的云头很短而凉台又很宽，后来又变得云头长至八寸而凉台又很狭窄，又过一阵，又嫌笠子太高，以短小、狭窄为时尚。当时各种各样的笠帽，李德懋的《论诸笠》中介绍了很多。虽然有人提出质疑，认为戴笠帽的弊端太多，建议改造笠子。如李德懋就曾写有《笠弊》一篇，陈说戴笠帽的各种弊病，建议痛加禁止。但整个朝鲜时代，帽笠、帽顶、帽缨一直被使用，没能废止。

朝鲜时代笠帽既然这么流行，相应的图像和实物自然不少。韩国现存的众多肖像画中，就有不少像主头戴笠帽的。如李贤辅（图3-30）、金时习，二人的肖像画上都戴笠帽，笠帽下或长或短的一串缨子也表现得十分明显。又如咸春君李昌运肖像画中穿军服的一轴，头戴玉鹭笠，笠子最上方用玉鹭顶装饰，顶上还装饰翎羽，缨子所用的料珠硕大，显得十分显眼（图 3-31）。当时朝鲜国内，不仅文武大臣、士庶头戴笠帽，贵为国王也同样使用笠帽。如韩国国立古宫博物馆藏的哲宗御真，画像虽然已残，但头上戴的玉鹭笠却还清晰可辨，笠下也正有料珠穿成的缨子一串（图 3-32）。又如高宗的众多影像中，头戴笠子的照片也有不少（图 3-33）。而咸兴本宫早年陈设的朝鲜太祖遗物中，也有笠帽残件、笠饰以及悬挂缨子的金属饰件耳缨子（图 3-34），只是不知道这顶笠帽是不是高丽末年恭让王赏赐的那顶。这顶笠子唯独缺少帽缨，难道也正如史书所说，太祖把帽缨传给了太宗？朝鲜帽笠的实物，传世量很大，各种形态、材质都有，韩国国内的众多博物馆均有收藏（图 3-35）。

图 3-30　李贤辅像　韩国国学振兴院藏

图 3-31　李昌运像（局部）　选自《肖像画的秘密》（韩国国立中央博物馆，2011）

图 3-32 朝鲜哲宗御真
韩国国立古宫博物馆藏

图 3-33 朝鲜高宗俄馆播迁时的旧照 韩国国立古
宫博物馆藏

图 3-34 朝鲜太祖笠帽遗物旧照 韩国国立中央博物馆藏

图 3-35 朝鲜笠子 韩国国立民俗博物馆藏

第三节　巾帽

一、明代的巾帽

顺治元年（1644）五月初二日，清军进入农民军弃守的北京城，第二天就颁下谕旨，凡是投顺大清的官吏军民都需剃发，穿戴的衣冠也都要遵照清朝的制度。当时江南还未平定，清朝下令剃发这一举动反倒激起了南方士人的更多反抗。二十四日，摄政王多尔衮审时度势，降谕兵部，宣布取消强行剃发的命令。谕旨称，之前是由于降服顺从的百姓无法区分，所以才下令剃发，以此来区分顺、逆。后来听说与民意很是抵触，所以令天下臣民照旧束发，悉从其便。第二年清人平定江南，清朝的态度陡然一变，发生逆转。顺治二年五月十五日，南京陷落，南明弘光政权覆灭。六月初五日，在江南上奏捷报后清朝给豫亲王多铎的敕谕中，命令多铎将注册已平定的各处文武军民，让他们一律剃发，如有不从的，以军法处置。六月十五日，皇帝敕谕礼部严令剃发。敕谕解释说，之前不强令剃发是为了天下大定之后才统一推行，现在江南已经平定，中外一家，如果在发式上仍旧不一致，君臣之间终究有所违异。这样的话，君臣之间也无异于是外国之人。敕谕又提及，从颁发布告之日起，京城内外限期十天，直隶、各省地方从部文到的那天算起也限期十天，一律剃发。遵照敕谕，剃发之人视为国民，迟疑不剃者视同逆寇，治以重罪。倘若爱惜头发，规避不剃而且巧辞争辩的，决不轻贷。地方官员需对剃发之事严行察验。如果还有阻挠剃发，想要已经平定的地方仍用明制、不遵清朝制度的，杀无赦。至于衣帽装束，可以从容更易使其符合清朝制度。由此，清初的剃发就轰轰烈烈地推行开来。

中国第一历史档案馆藏的顺治初年严厉推行剃发令的档案，

现在仍有很多保存，档案中众多"着即处斩""就彼正法"的批红，正反映出当时的雷厉风行。后来，由于京城内外军民衣冠使用满洲样式的较少，戴明朝巾帽的很多，七月初九日，皇帝又降谕礼部，令顺天府五城御史公示禁止，并让各地一体遵行。不过，尽管清朝发布了剃发令、易服令，明朝的巾帽并没有马上消失。根据叶梦珠的记载，即便是在剃发之后，戴帽子的人也仍然戴着网巾，由于盘着辫发，头顶显得很大，没有发辫的人则把小帽改成尖顶样式。顺治三年暮春，时任招抚南方总督军务大学士的洪承畴刊示文告，严禁如此穿戴。文告中称，现在已是大清臣子，穿戴明朝巾帽是故意违抗君父之命，放肆藐玩，莫此为甚。于是，地方官员凛然奉法，才如式剃发（图3-36），摘去网巾不用，下身不服裙边，衣服上不装领子，用清式冬夏异制的帽子，帽顶上覆盖红纬、红缨，一如满州之制（图3-37）。不过清代典制中的服饰，当时还没有禁令，直到顺治六、七年间，朝廷又颁

图3-36　胤禛读书像（局部）表现了清早期的满洲发式　故宫博物院藏

图3-37　洪承畴常服像　表现的是清早期的冠服　南京博物院藏

发了命服之制。自此，明朝样式的巾帽在当时清朝统治的范围内不再被允许使用。

明代的巾帽，在中后期渐趋多样。根据当时文献的记载，样式众多，不一而足。这些巾帽有的因人得名，如诸葛巾、东坡巾、山谷巾、阳明巾、纯阳巾、羲之巾、周子巾等；有的因形状、装饰得名，如云巾、方巾、四周巾、雷巾、桐巾、尖巾、莲花巾、圆头巾、平头巾、凌云巾、两仪巾、仙桃巾、切云冠、琴尾巾、贝叶巾等；有的因朝代得名，如汉巾、晋巾、唐巾等；有的或富有寓意，如儒巾、忠静冠（巾）、忠义巾、高士巾等。对于这些巾帽的优劣，以及相应的用处，当时的人也有不少品评。如朱权好道，偏尚幅巾；明末雅士文震亨却说幅巾虽然最古但不便于用，又说披云巾最俗；屠隆则说唐巾、纯阳巾最好。同时，明代的这些巾帽，皇帝、大臣燕居时也常常穿戴，并不仅限于士庶百姓使用。这些巾帽样式的出现，都是明代中后期以来风俗变化的表现。当时不少人就在笔记和地方志中记载了这些巾帽的出现，风俗的变化以及对此变化的慨叹。

明代的这些巾帽，不仅见于文字的记述，还有相应的图像。《三才图会》记载的各样巾帽，就附有图说（图 3-38），但其记录的种类并不太多。记录巾帽种类较多的，有专门的图谱。如崇

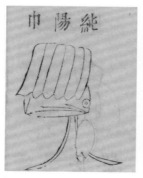

图 3-38　纯阳巾、唐巾　选自《三才图会》（万历三十七年序刊本，日本国立国会图书馆藏）

祯年间朱术珣编印的《汝水巾谱》，绘制了古今巾帽三十二种的图像，清代纂修《四库全书》时，四库馆臣对此书作有提要。四库馆臣指出华阳巾以下的十三种巾帽，或采自古书，或出于画谱一类的书籍，批评编印之人未将很多明代常见的巾帽收录。四库馆臣又指出贝叶巾以下的十九种巾帽，并不可靠，批评编印之人毫无根据。不过根据近人的研究，四库馆臣对《汝水巾谱》的批评并不成立，书中所收的巾帽多能得到明末肖像画等图像资料的证实。明末之人编著的巾帽图谱，有的后来流落海外。如韩国奎章阁韩国学研究院藏的编纂之人不详的《各样巾制》一册，全书就以图像的形式共记录了四十四种冠巾。此外，明代中后期的各种图书中往往附有版画，这些版画中也经常可以看到头戴各式巾帽的人物（图3-39）。

　　明代巾帽的图像，见于类书、图谱、版画之外，还见于当时

图3-39　头戴忠静巾的人物　选自《鲁班经》明刊本

之人的各种肖像画中。上海博物馆藏项圣谟绘的《尚友图》（图3-40），是其中具有代表性的一幅。画中绘有松林之下的六人，坐在石头上的六人穿着各异，其中一人秃顶不戴冠显然是僧侣，其余五人头上戴的巾帽各不相同。画上面有项圣谟长长的一段题跋，记述了画中之人的具体姓名，及所戴的巾帽名称。据此题跋，可以知道左二"晋巾荔服"的是董其昌，左三"蓝角巾褐衣"的是陈继儒，左下戴渊明巾的是鲁得之，右下戴唐巾的是李日华，右后"高角巾素衣"的则是画者项圣谟本人。明代各式巾帽，还集中地见于曾鲸绘制的各类肖像画中。曾鲸作为当时写像的大家，绘制的肖像画众多，其中多数为文人隐逸，头上戴的自

图3-40　项圣谟绘《尚友图》　上海博物馆藏

然也就是各式巾帽。如中国国家博物馆藏的菁林子像，天津博物院藏的王时敏像，上海博物馆藏的李醉鸥像、赵士锷像、侯峒曾像，浙江省博物馆藏的张卿子像，广东省博物馆藏的赵赓像、徐元亮像（图3-41），等等，均由曾鲸绘制，像主头上戴的都是各种巾帽。当然，独立的明代大影上，往往也能见到头戴各式巾帽的像主。至于实物，考古发掘的明代墓葬中也有出土，如苏州王锡爵墓出土的忠静冠是同类中目前所知唯一的一例（图3-42），上海黄孟瑄墓曾出土有四方平定巾。

图 3-41　曾鲸绘徐元亮像　广东省博物馆藏

图 3-42　王锡爵忠静冠　苏州博物馆藏

二、朝鲜的巾帽

万历二年（朝鲜宣祖七年，1574）八月初九日，朝鲜派出的祝贺明神宗万寿的圣节使朴希立、书状官许篈、质正官赵宪等人入宫朝见。这天一早的五更天，朝鲜使团一行穿戴整齐，历上林苑监、大德灵应庙、太医院、钦天监、鸿胪寺、教坊司、工部、兵部，到达皇城东长安门外西廊稍作小憩。破晓时分，城门开启，经外金水河、承天门（今天安门）、端门进抵午门，并在阙左门下稍憩。天快放亮之际，午门上的鼓声、钟声响起，顿时，文武百官从东西偏门趋进，排成整齐的朝班立于皇极门（今太和门）前的广场上。朝鲜使团则与十三道诸省官一起列班于午门之外。午门外有六头仪象分立左右，形貌奇伟。后来又听到鞭子摔打的声音三下，明神宗也御门听政坐在了皇极门下的黄屋之内（图3-43）。

图3-43 《徐显卿宦迹图》金台捧敕 表现的是御门听政的场景
故宫博物院藏

不多时，午门的三个门开启，鸿胪寺序班引导着朝鲜使臣走上御路五拜三叩头，然后由右掖门进入皇极门前的广场，立在通政司官前奏事。等十三道诸省官入见完毕后，序班又引导朝鲜使臣跪在御路上，鸿胪寺官捧持揭帖启奏：朝鲜国派来的刑曹参判（正使朴希立）等三十一员前来觐见。朝鲜使臣三叩头又两次下跪，这时，明神宗声音清亮地亲口说道：与他酒饭吃。朝鲜使臣三叩头后，序班引着由右掖门出宫，在阙右门边上作短暂休息。不一会儿，常朝结束，文武百官出宫，朝鲜使臣到光禄寺吃酒饭。

八月十三日，朝鲜使臣一行又到朝天宫演习礼仪，准备皇帝万寿圣节当天的朝见。八月十七日，是皇帝生日也就是万寿圣节，明神宗御皇极殿（今太和殿）接受文武百官的朝贺。这天一早，朝鲜使臣又早早地来到长安门，入通政门后坐在门内等待天亮。其间，有几名宦官前来搭话，又与儒生四人作了交谈。天刚亮时，文武群臣排班齐整。鸡鸣时分，钦天监报时鸣赞，唱到：呵呵呵呵日出卯，呵呵呵呵光四表，呵呵呵呵照万邦。然后皇帝出御皇极殿，殿前鸣鞭三下，顿时，文武百官齐跪四拜。鸣赞在殿上唱贺表结束后，又有其他鸣赞相继传于阶上。这时，文武百官仍旧齐跪四拜。鸣赞又唱搢笏舞蹈跪，文武百官捧笏三呼万岁，跪起后又四拜而出（图3-44）。内阁阁老以下至于六部翰林官，也都依次退下。退出之际，朝鲜使臣又看到了午门外的卤簿五辂等极为壮丽。朝鲜使臣后来得知，当天一同入贺的还有狄子、西蕃和涅磨国人。

朝鲜派到明朝的使臣，正副使之外，按照惯例一般都有质正官，质正也就是质询就正的意思。质正官的职责就是在出使期间质询就正明朝的语言、法律、风俗等相关的内容，以作为朝鲜国内相关政策的参考。赵宪作为质正官，在出使明朝期间，对明朝社会的各个方面作了细微的观察，回国后给国王宣祖上了一系列的奏疏，后来被辑汇为《东还封事》。其中质正官回还后率先上陈的奏疏八条，后来又上陈奏疏十六条。这些奏疏涉及明朝的方方面面，包括配享、官制、衣冠、宴饮、礼仪、风俗、军纪、祭祀、陵寝、经筵、用人，等等。其中，论及明朝贵贱衣冠，赵宪提到了各式巾帽，详细记述了它们的形制、制作方法，并将它们和朝鲜所用的巾帽等物作了比较。赵宪提到的这些巾帽，有儒巾、宦者之巾、任事掾吏所用的巾帽等。例如提到儒巾，赵宪认为朝鲜的儒巾遇上露水就下垂，不像明朝那样端平，觉得朝鲜士人所戴巾帽多有讹误，应该仿照明朝的予以改制。又以为朝鲜襴衫与明朝襴衫也大有差别，应予改正。赵宪所奏，原先附有相关冠服的插图，但后来亡佚了。

赵宪奏疏中的插图虽已无存，但韩国目前仍有巾帽相关的图谱存世，这就是韩国奎章阁韩国学研究院藏的《各样巾制》。此书编纂之人不详、成书年代不详，但应该是在明末流入朝鲜，很

图3-44 《徐显卿宦迹图》皇极侍班 表现的是皇极殿大朝会的场景
故宫博物院藏

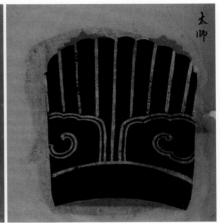

图3-45　乐天巾、太师巾　选自《各样巾制》（明代写本，韩国奎章阁韩国学研究院藏）

可能也是朝鲜使臣从中国买回国内的。此书每叶彩绘巾帽的图式两幅，图的右上角则用墨书注明巾帽的名称，全书以图像的形式共记录了四十四种巾帽。这些巾帽分别是三才、子昂、九华、羲之、明巾、五岳、三纲五常、阳明、凌云、乐天、子房、东坡、四明、诸葛、儒巾、青云、九思、玉坡、晋巾、宦巾、福叶冠、中靖、登云、梯云、玉台、隐市、两仪、覆云、臺巾、四象、献之、唐巾、太素、太师、纯阳、松江、玉蟾、道衡、浩然、如意、鱼尾、进士、高士、幅巾（图3-45），大多见于明代文献，也常见于明代的图像。

　　朝鲜的很多巾帽，往往出自明朝，而得以传入朝鲜的途径，经常是由于出使明朝的使臣。李济臣就提到，朝鲜原先并无凉纱帽，嘉靖四十五年（朝鲜明宗二十一年，1566）圣节使朴启贤从明朝买回之后，朝鲜才流行开来。李济臣还提到，当时朝鲜人戴的巾帽有程子巾、朱子巾、濂溪巾、东坡巾、冲正巾、方巾，等等，种类繁多。关于冲正巾和冲正冠，李济臣还提到一则逸事，说的是隆庆三年（朝鲜宣祖二年，1569）李济臣出使明朝时，鸿胪寺序班许继儒见到李济臣戴的巾帽，说：这是冲正巾，不是冠。李济臣就问：冲正巾和冲正冠有区别么？许继儒就说：顶上平方、四隅有棱的是巾，顶上偎圆有高低，起伏像云一样，跟梁冠似的而四面圆转无隅的就是冠。李济臣后来就从明朝买了一顶冲正冠回到国内，并让帽工依照样式作了仿制。从此以后，朝鲜才有了冲正冠。冲正巾、冲正冠也就是忠静巾、忠静冠，其实物朝鲜时代的墓葬中有出土，存世的肖像画上也有戴此巾帽的（图3-46）。

朝鲜宣祖国王在位期间特别是其末年，由于壬辰倭乱，明朝将士大量入朝援助，朝鲜人从而接触到众多的明朝冠帽服饰。由于朝鲜与明朝之间的冠服存在差异，而朝鲜又追慕华制，所以当时朝鲜的大臣们屡屡建议改从明朝制度。这些建议和相应的举措，《朝鲜宣祖实录》有众多的记载。即便是光海君在位期间，也仍旧致力于追仿明朝制度。光海君即位当年（1608），朝鲜使臣从明朝回国，就曾买来新书和冠服制度进呈。光海君就这些"各样冠服等物"，下令礼曹各样冠服依照买回的冠服制度进

图3-46　金万重便服像（局部）　选自《肖像画的秘密》（韩国国立中央博物馆，2011）

行仿制改造，各样冠服藏在礼曹，"以作永久依样之式"。不过，到了仁祖在位期间，朝鲜国内多事，明朝覆亡，朝鲜冠服改从明制也就失去现实的依据。自始至终，朝鲜的巾帽既有追仿明朝样式的，也有自身特有的。朝鲜巾帽的图像，主要见于各类肖像画。肖像画上，方巾、程子巾、东坡巾（图 3-47）、忠静巾、卧龙巾、唐巾（图 3-48），等等，均能见到。至于各式巾帽的实物，韩国各个博物馆中也藏有不少，但大多是朝鲜末期的（图 3-49）。

图 3-47　朴世采便服像（局部）　韩国京畿道博物馆藏

图 3-48　张晚便服像（局部）　韩国京畿道博物馆藏

图 3-49　程子巾　韩国国立民俗博物馆藏

第四节　网巾

一、明代的网巾

崇祯十七年（1644）正月初一日，农民军领袖闯王李自成在西安称帝，国号大顺。三月初一日，农民军攻陷大同，六日，又陷宣府，十五日，进抵居庸关，十六日，昌平失守，十七日，炮轰北京。十八日晚，农民军控制了整个北京内城，紫禁城已近在咫尺。见此情形，明思宗朱由检换上便服准备出城，但朝阳门守门的人却要等天亮验明身份后才能放行，明思宗不得已又赶到安定门，但因门闸太重无法打开城门，无奈之下只好折回宫中。十九日清晨，农民军攻入紫禁城。明思宗亲自鸣钟召集百官，但没有一人响应，见大势已去，于是与太监王承恩登上煤山，最终自缢身亡。由此，也宣告了立国两百多年的明朝的灭亡。"君王死社稷"，皇帝殉国，这样的例子在中国历史上没有几例，在大明王朝也是头一遭。消息传出，举国震惊，为之悲恸。当时还在北京的兵部主事金铉也是解下牙牌交给家人后，毅然投金水河殉国而死。听闻消息，金铉的母亲自投井中，金铉之妾也是投井而亡。农民军离开紫禁城后，金水河上有衣服、帽子浮出水面，宫里没跑的内官们看到，才指认出是金铉。再后来，金铉的弟弟金镗前往辨认尸体，查验了网巾环，最终确认就是金铉，于是将其带回，按礼入殓。安葬完哥哥金铉后，金镗也自杀身亡。金铉一家的殉国而死，在当时国破家亡的背景下，谱写了一曲乱世的悲歌。故事中，金铉身份得以确认的关键，就是尸首上的网巾环。

网巾是明代成年男子穿戴最为广泛的束发用具，上自皇帝大臣下至贩夫走卒，都用网巾束发。根据明朝人的说法，网巾是明朝才创制的，它的流行与明太祖有很大关系。据说在建国之初，有一天晚上明太祖微服私访到了神乐观，只见一名道士正在灯下结网巾。明太祖就问：这是什么呀？道士回答说：这叫网巾，把它裹在头上，"万发皆齐矣"，头发就整整齐齐啦。明太祖一听，觉得很好，在第二天就召见了这名道士，并且任命他为道官，又让他把网巾带来。有了皇帝的推广，自此之后网巾也就成为定制，流行开来。明代虽然有众多网巾相关的诗文，但实际上元代就已经有网巾，只是当时还没有广泛流行。明初革除元代的胡服、辫发，男子束发于顶，作为束发之物的网巾这才显得十分有用，有着广泛的需求。这一需求进而带动网巾的手工制造，当时有不少人就以制作、贩卖网巾作为生业。冯从吾写的《朱贫士传》中就说贫士朱蕴奇家里很穷，他的妻子靠织网巾维持生计。明末的世情小说里也有提到一名秀才无力娶妻，和他的寡母相依为命，母亲靠织卖头发网巾维持生活。当时有制贩网巾的，也有洗补网巾的，甚至还出现了专门发售网巾的铺户，有点像今天的专卖店。题为仇英绘制的《南都繁会图》上就有这样的铺户，门前的幌子上写着"网巾发客""头发老店"字样（图3-50）。这

图3-50　南都繁会图（局部）　南京博物院藏

也从一个侧面反映出了网巾在当时生活中的必不可少，以及普遍流行。

网巾的形制，大体上略似渔网，网口用布做成边子，边子两边稍后装饰两枚小圈，小圈的材质可以是金、玉，也可以是铜、锡，不同材质的这两枚小圈也就是网巾环，或者也叫网巾圈。边子两头各系小绳，贯穿两枚网巾环内。网巾环的功用，正是为了调节网巾绳的松紧。网巾的顶部系于头顶，边子与眉毛齐平。网巾顶部还有一根绳子，叫做网带。网巾前高后低，形似虎坐，所以又叫虎坐网巾（图 3-51）。万历末年，民间开始用掉落的头发、马鬃代替丝线来制作网巾。网巾在天启时又稍有变化，有的削去

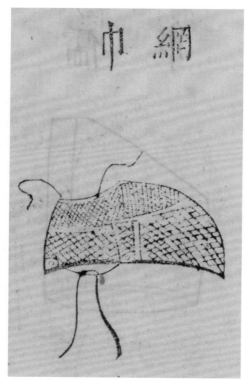

图 3-51　网巾　选自《三才图会》（万历三十七年序刊本，日本国立国会图书馆藏）

196

网带不用,所以当时的网巾又叫做懒收网。关于网巾的形制,王逋的《蚓庵琐语》记载最为详尽。网巾的材质,有丝、马鬃和头发等,但最便于取材的还是头发,所以明末用头发来做网巾十分普遍。当然,在一些寒冷的地方,网巾也可以用绢帛来制作。网巾的穿戴,还要与其他巾帽搭配,很少单独使用。但明末一些表示劳作的版画中,男子却也常常单着网巾(图3-52)。穿戴网巾的人主要是成年男子,未成年男子不能戴冠,也就不需要网巾。到了明末,网巾又因穿戴十分普遍衍生出男女情爱的一层寓意。至于网巾环的材质,多为金属,间用玉石、窑器。因为贫富、身份等的不同,网巾圈所用的材质差别较大,往往可以藉此认定某人的贫富或其身份。《淮城纪事》记有一则故事,说的是崇祯

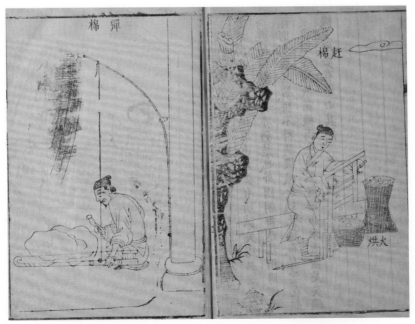

图3-52 戴网巾的男子 选自《天工开物》(崇祯十年涂绍煃刊本,法国国家图书馆藏)

十七年农民军波及淮扬，路上盘问行人，行人如果回答是穷汉，农民军就查看网巾环，并查验双手，由此富贵的人也就没有办法隐瞒。前面提到的金铉也正是靠着网巾环，尸体才最终得以确认。

　　网巾由丝、马鬃和头发编结而成，所以实物往往不易留存。但历年的明代考古发掘中，还是有不少网巾出土。明神宗定陵就出土了网巾十二件（图3-53），形制、大小基本相同，结系后呈截尖圆锥体，用生丝编织成网络状。上口穿丝绳相系结，下部以绢制的条带缘边，两端缀有丝绳。每一件网巾拴成一束，下端用丝绳绑住。网巾环有的用金（嵌以宝石），有的用宝石。有的网巾上还拴有绢条，用楷书写着"四月二十六日进献上用缨子顶素网巾一顶，正月二十四日进献上用缨子顶素网巾一顶"等字样。湖北武穴明代处士张懋的墓中也出土过网巾一顶，出土时还戴在张懋头上，保存完好，网巾上缀有金质网巾环两个，结系后约略位于耳际偏后。网巾下沿缀边子，脑后开衩，边子两端各系小绳一根，小绳穿过网巾圈以作结系（图3-54）。此外，一些明代墓葬中应该还有网巾出土，但并未引起太多的注意。如广东广州东山戴缙墓出土过网巾一顶，当时戴在墓主头上，网巾上有玉环二个。又如浙江桐乡濮院杨青墓也出土过一顶乌纱帽，乌纱帽内还有网巾没有揭取，网巾上面缀有两个金网巾环。

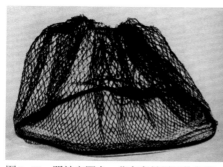　　

图3-53　明神宗网巾　北京市昌平区数字博物馆藏　　图3-54　张懋网巾　湖北省文物考古研究所藏

网巾在明代如此流行，以至于引起外来传教士的注意，常常见于他们的记录。万历初年入华的西班牙传教士拉达、意大利耶稣会士利玛窦、葡萄牙传教士曾德昭都曾在各自的著作里提到明代男子用的网巾。然而到了清代，因为清人剃发，束发用的网巾变得没有必要，最终也就废弃了。这一历史变化，明清易代之际的叶梦珠作了真实记述，说是顺治二年（1645）平定江南之初，地方官、平民百姓还是用的明朝服饰。剃发之后，戴巾帽的人也还是在帽子里面戴网巾。到了顺治三年暮春，朝廷开始严禁明朝制式的服装，不得再用网巾。这禁绝的过程，当然也并不都是和平的过渡，中间也免不了一些腥风血雨。当时清朝推行所谓的"留头不留发，留发不留头"的政策，很多人往往因为一撮头发而送命，而网巾也是这撮头发上的关键。明遗民戴名世的《画网巾先生传》，就记录了一则宁愿断头而不愿断发、不愿去网巾，最后悲壮而死的故事。明遗民刘廷銮的《十二弃诗》，曰网巾、方巾、儒巾、簪、纱帽、襕衫、绦、长衫、官服、裙、网圈、网绳，其中三首都与网巾有关，也是有感剃发而作的。

二、朝鲜的网巾

天启三年（朝鲜光海君十五年，1623）三月十二日晚，谋求废黜当时朝鲜国王光海君李珲的计划泄露。光海君在鱼水堂和宫人们欢宴过后很久才听到消息，起初也没太在意。在领议政朴承宗等人的再三建议下，终于召集大臣、禁府堂上、捕盗大将、都承旨、兵曹判书等人入宫议事。但当时已是深夜，宫门关闭，大臣们进不了宫，于是在备边司待命。同时，又派训练都监大将也是朴承宗姻亲的李兴立领兵扈卫宫城，千总李廓在彰义门外搜捕义军。当晚，主持举事的光海君的侄子绫阳君李倧亲自到达延曙驿村，迎接从长湍带兵赶来举事的李曙。二更时分，大将金鎏、副将李贵，与崔鸣吉、金自点、沈器远等人在汉城西郊的弘济院，集合文武将士二百余人、兵卒千余人，准备起事。三更时分，义军向彰义门进发。斩关入彰义门后，义军进至昌德宫门外。负责守卫宫城的李兴立之前已被策反，按兵未动，哨官李沆打开昌德宫敦化门后，义军纷涌而入，宫中守卫随即四散，义军则对光海君展开搜捕。金鎏等人又入丹凤门，李倧等人也相继而至。于是，金鎏将李倧引到仁政殿西边的台阶上，李倧向东端坐胡床，一众将士侍立左右，听其指挥。听闻义军进宫，光海君随即从北苑松林用长梯逃出宫城，一名宫人前导，一名宦官背着光海君，最终藏匿到了医官安国信家中。世子李祬追不上光海君，也逃到庄义洞平民家躲了起来。

十三日一早，金鎏以军令召集百官，告知已经举义，并剪除光海君的亲信。当天，安国信家人郑枏寿告发光海君藏匿之地，于是将光海君迎致阙下，软禁在都总府直房。稍晚时候，世子李祬的藏匿之处也被告发，后与王妃、世子嫔等宫人一同被控制在兵曹，由军兵围守。同时，义军又派人去庆运宫迎奉废居在此的仁穆大妃，大妃不出，李倧只好亲自参谒并请罪，并奉上义军在后苑捡到的朝鲜国王御宝，大妃将御宝还授李倧。这也意味着大妃复位，李倧作为嗣君得到大妃的认可。十四日，仁穆大妃颁下教旨历数光海君在位期间的种种罪状，将其废黜，原世子李祬也被废为庶人，策命李倧即位。由此，通过政变，光海君被废，李倧登上朝鲜王位，这也就是朝鲜历史上的仁祖，而这一历史事件也被称作"仁祖反正"。

三月二十三日，仁祖将光海君及原世子李祬流放江华岛，光海君和废妃柳氏，李祬与废嫔朴氏各被同室安置，同时派人监视。转眼到了崇祯七年（朝鲜仁祖十二年，1634）正月十二日，这天有大臣以江华岛临近王京汉城，恐有奸细相通，为了防止意外，建议将光海君流放他处。领议政尹昉认为，远的济州，近的乔桐，这两个地方都比较合适。仁祖则倾向于乔桐，但当时还结冰，筑墙有困难，所以等冰化后再说。不过，似乎在崇祯九年

"丙子胡乱"之际，光海君仍在江华岛，但时任领中枢府事的尹昉曾将其转移至乔桐。崇祯十年四月，刚和清朝达成城下之盟不久的仁祖，又有意将光海君流放到远处的济州。光海君在位时曾和女真人开展务实外交，仁祖此举或许是出于防范光海君复位的考虑。也就在同年四月二十五日，仁祖可能知道了光海君的一些近况，从而颁下教旨：光海君戴的笠子已经十分破旧，着令相关部门精心制备笠子以及网巾、金贯子，发送给他。据此，可知即便是当时废位的国王，仍戴网巾，网巾上也还是可用金贯子也就是金质的网巾环。

关于网巾，朝鲜的笔记里还记载了一个故事。说的是壬辰倭乱时，明朝入援朝鲜的经理杨镐等人有再造朝鲜之功，事后被朝鲜人传诵，成为美谈。当时入朝的明军将士所用的冠服，对朝鲜产生不小影响，朝鲜君臣多次讨论要完全遵用明朝制度来改造朝鲜冠服。杨镐在朝鲜时，网巾穿戴头上距离眉毛大约有三寸左右。有的说是杨镐起复还没多久，无心敛发，所以才这样。有的说是因为杨镐头上有小疮，难以戴网巾，所以不得不如此。结果是朝鲜国内喜欢追逐奇装异服的年轻后生，纷纷效仿杨镐的这一穿戴风格。最后，也助长了地方上的这种风气。有一个姓李的义城人，也有奇装异服的癖好。有一天，李景明见到这个李某，就问道：你也是效仿的杨经理么？李某反问道：那你怎么也效仿万经理啊？原来李景明的一只眼睛看不见，而当时援朝的经理万世德恰好也是个独眼龙。李景明听李某这么一说，也是无话可说，听到这对话的人也是哈哈大笑。

朝鲜时代，跟明代一样，网巾也十分流行，上自国王、两班，下至庶民，都戴网巾。朝鲜前期网巾的形制、材质与装饰都与明代差不多，后期却有着自己的发展，装饰上也略有区别。网巾上的网巾环，朝鲜叫做贯子，明代虽然有材质上的差别，但并无品级。朝鲜的网巾环则不一样，很早就分出了等第，划分了品级。曾于弘治元年（1488）出使朝鲜的董越，在《朝鲜赋》中就记录了朝鲜贯子的品级，说是朝鲜官员的网巾环一品用玉，二品用金，三品以下用银，庶人只能用骨、角、铜、蚌之类。不过按照李漵的说法，朝鲜的革带和网巾环，杂乱无章，一品犀带用玉环，二品以下金带用金环，堂上官则银带用雕玉环，国王则用金玉环。到了朝鲜后期，贯子的品级分得更加细致：一品用漫玉圈，俗称反玉环中。二品用金牵牛花样、梅花样、苽花样、双螭，又有反金圈的叫法。三品用玉牵牛花样、梅花样、杂雕花样，俗称锼八莲环子。堂下三品以下至士庶用玳瑁、羊角、牛蹄小圈，而有钱的百姓有的也用琥珀、明珀等小圈。

朝鲜男子，只要成年就要束发，束发就戴网巾，所以在当时的肖像画中虽不能尽然展示网巾，但也往往可以见到网巾的踪影。朝鲜中期以后的肖像画中，无论像主穿的是朝服（图3-55）、常服（图3-56）、军服，还是便服（图3-57），巾帽之

图 3-55 蔡济恭朝服像（局部）
韩国水原华城博物馆藏

图 3-56 李性源常服像（局部）
韩国国立中央博物馆藏

图 3-57 李昰应便服像（局部）
韩国首尔历史博物馆藏

下往往露出网巾下端的边缘。同时能够见到的，还有网巾上各种
材质的网巾环，因此网巾环更加可以确定头上戴有网巾。即便是
国王、世子的穿戴，御真、睿真或者照片所见，冕服、远游冠
服、常服（图 3-58）、军服、便服中也同样有用网巾。韩国国立
古宫博物馆藏日帝强占时期的文书《王殿下、王妃殿下御礼服御
着顺序》，在冕服之下就明确记载有网巾。据现存实物，朝鲜后
期网巾的形制，与早期的明显不同，与明代网巾也有区别，打开
时略呈长条形，网巾的宽度大略只能包覆额头部分（图 3-59）。
现在韩国影视剧中所用的网巾多是这类。朝鲜后期的网巾上，除
了贯子，还有叫做风簪的装饰，这也是明代网巾所没有的。佩戴
时，风簪插于网巾正中靠额头的部分，略起固定网巾的作用，同
样也有装饰的功能（图 3-60）。风簪的材质也很多样，各种材
质均可，并无等级上的规定。在朝鲜后期，网巾往往与宕巾合用
（图 3-61），在它们外面再罩以卧龙冠、程子冠或是方巾等巾帽。

图 3-58 朝鲜纯宗睿真（局部）
韩国国立古宫博物馆藏

图 3-59 英亲王网巾
韩国国立古宫博物馆藏

图 3-60 英亲王网巾上的风簪
韩国国立古宫博物馆藏

图 3-61 英亲王宕巾
韩国国立古宫博物馆藏

在实际穿戴上，往往是先戴装饰有贯子、风簪的网巾，再戴宕巾，然后是其他巾帽。

与明代网巾的废止类似，朝鲜网巾的弃用也是外力强行禁断的结果。围绕朝鲜宗主权的争夺，甲午一战，清朝败北，日本于是强化对朝鲜的控制。高宗三十二年（清光绪二十一年，1895）八月二十日，日本在朝鲜制造"乙未事变"，杀害朝鲜王妃闵氏，以金弘集为首的亲日内阁掌权，高宗形同傀儡。此后，金弘集内阁实施"乙未改革"，推行一系列近代化政策。断发令代表文明开化，也是其中一项。十一月十五日，高宗据内阁决议，下令中外臣民一律断发。据说下令当天，内部大臣俞吉浚等人引日本人围住并用大炮对准宫城，声称不断发就要杀入王宫。不得已，高宗让郑秉夏给自己断发，俞吉浚给世子李坧断发。命令下达之后，据说人人悲愤欲绝，哭声震天。而警务使许琎则率领巡检一边在汉城街道上持刀拦路，见到行人就一律剪去发髻，一边闯入百姓家中强行剃发。朝鲜地方政府也派出剃头官，挨家挨户剪人发髻。结果，在一片抵抗声中，断发令也成为当时执行力度最大、波及范围最广的一项改革措施。发髻既断，网巾自然也就没了用武之地。

三、越南的网巾

乾隆五十五年（1790），清高宗八旬万寿之际，新封的安南国王阮光平进京入觐祝釐。此前一年，阮光平的侄子阮光显入觐，告诉清朝明年三月阮光平将亲自入京朝见。清朝随即展开诸多准备活动，并在这年年底在苏州定制来年赏赐用的衣冠，这些衣冠完全仿照安南样式制作。乾隆五十五年三月二十九日，阮光平一行起身来华，四月十三日行抵谅山，四月十五日进镇南关入清朝境内，由福康安陪同，经广西、广东、江西，历湖北、河南，七月初九日，终于抵达热河。这一年，齐集热河的除了安南君臣之外，还有蒙回等部王公，两金川土司、甘肃土司、台湾生番，朝鲜、南掌、缅甸三国使臣。安南君臣入朝之初，清高宗曾降下谕旨，令安南君臣在初次觐见时以及回国后，仍用安南冠服，但在热河期间也赏赐了满洲冠服和安南冠服。七月二十日，各国使臣启程由热河赴京。八月十三日，在万寿圣节朝贺过后，朝鲜使臣终于见到了安南君臣所谓的"本服"也就是安南冠服。朝鲜副使徐浩修记录了安南君臣的冠服，安南国王阮光平的穿着，是头上扎着网巾，戴七梁金冠，身穿绛色龙袍，腰间束着白玉带；安南大臣也是头扎网巾，戴五梁乌帽，身穿青色或紫色的圆领蟒袍，腰间束着金带。朝鲜人认知里旧时安南人的装束是束发，发髻垂于脑后，戴乌纱帽，穿阔袖袍，腰间束带，脚踏黑靴，和朝鲜用的冠服差不多。徐浩修见到安南君臣后，觉得当时的安南冠服与认知里的相差很大，袍服的纹样驳杂诡怪，很像戏服，从而生出一种轻视。后来的成海应在给柳得恭《热河纪行诗》加以注说时，也提及安南君臣的本服，推测是买来的"戏子物"也就是戏服。同时，又引柳得恭《滦阳录》对安南网巾的描述，说是双角网巾用丝线编结而成，网孔稀疏，不能紧紧地扎在头上，只是围住头发而已。多年以后，阮朝派往清朝的使臣潘辉注穿戴品服入京，清人见他穿戴幞头、网巾、衣、带，还指其为"倡优样格"加以嘲笑，潘辉注不由得发出一番感慨。

阮光平入华期间，清高宗不仅赏赐了安南君臣满洲冠服和安南冠服，还令人为阮光平画了三轴画像。三轴画像都根据赏赐的满洲冠服和安南冠服绘制而成，其中一轴用满洲冠服，两轴用安南冠服。用安南冠服的一轴后来赏给阮光平带回了安南国内，其余两轴则存于清高宗用来宣示武功的紫光阁中。紫光阁藏用安南冠服的阮光平像后来流失海外并现身拍卖行，虽然目前所能见到的只是黑白影像，但像中所见，阮光平幞头之下网巾的身影清晰可见，尽管网巾大部分被幞头遮盖只露出了一小部分。单独的像轴之外，阮光平君臣像又见于清高宗《八旬万寿盛典图》的彩绘本与刻本，及汪承霈绘制的《十全敷藻图册》上。《八旬万寿盛典图》上绘制了跪于路边、"瞻就天日"的阮光平君臣，君臣二人都用幞头或乌纱帽、龙袍或圆领（图 3-62）。《十全敷藻图册》第九开"安南国王至避暑山庄"，上半部分写有乾隆御制诗二首，下半部分则绘制了阮光平热河觐见时的场景。画中大蒙古包前，两名清朝官员一人手捧纬帽，一人手托蟒袍。二人身前的地毯上，阮光平居中而跪，头戴金冠、身穿金黄蟒衣，两名陪臣各跪左右，也都是头戴乌纱帽、身着圆领袍（图 3-63），表现的正是阮光平与其陪臣获赐满洲衣冠后跪谢的情景。《八旬万寿盛典图》《十全敷藻图册》中描绘的人物身形都相对较小，网巾的细节自然无法表现，但从安南君臣的穿着推断，幞头、乌纱帽之内必然也有网巾的存在。

当然，网巾在越南的使用并不是西山朝才开始的，应该在后黎朝甚至更早的时候就已使用。明清鼎革之际，特别是台湾郑氏

图 3-62　八旬万寿盛典图（局部）　故宫博物院藏

图 3-63　汪承霈绘《十全敷藻图册》第九开（局部）　中国国家博物馆藏

覆亡后，福建、广东沿海的明遗民远走南洋，其中不少就投入了越南的广南阮主政权。大量明遗民的流入，对当时越南的服饰应有一定范围的影响。当时广南和真腊之间也有大量明遗民投入，后来还俨然成为独立王国，这就是所谓的"港口国"。根据当时的记载，港口国服物制度仿佛前代，国王蓄发，头戴网巾、纱帽，身穿蟒袍，腰间束角带，脚踏靴，与明代常服比较接近。后黎朝曾有两次南北对峙的局面，在第二次南北分立时期的景兴五年（清乾隆九年，1744。一说为永祐四年即1738），乂安流传着"八世还中都"的民谣，而当时在位的广南阮主晓国公阮福阔正是自阮潢以来的第八世。由此，阮福阔自称王号，又取明代《三才图会》中冠服体制为体式，令文武群臣各自遵照彩样，衣服均用彩缎，尊贵之人用蟒袍，帽上装饰金银饰件。又令国中男女都着襦袍，穿裳，缠巾，衣服、庐舍、器用略如明清体制，尽数革除北河旧俗。阮福阔的改易服色，不同的书里记载略有差异。据《嘉定城通志》，则说文武官服是参酌汉唐历代至大明制度，以及当时的新制式样，又说士庶服舍器用略如大明体制。当时的实际情形很可能是文武百官的官服中已用网巾，但士庶还是缠巾，也就是用一块布包裹头发，所谓的缠巾并非裹的网巾，越南的网巾并不像明朝那样官民都用。

后来的阮朝既由阮福阔的孙子阮福映创立并一统全越，阮福阔制定的这套服饰制度也被阮朝沿用。阮朝人说阮福阔改制后的冠服，"如今官制品服《会典》颁行者"，跟当时《钦定大南会典事例》颁布的品官服饰相同，也说明阮朝用的正是前朝制度。《钦定大南会典事例》记载越南皇帝大朝冠、冕冠下网巾"饰金圈四"，春秋冠下网巾"饰银圈四"，皇子、诸公、执事冕冠下网巾"依朝服"，也就是跟大朝服所用的网巾相同，可见君臣都用网巾。传世的阮弘宗穿着大朝服、冕服的照片中，大朝冠、冕冠之下均能见到网巾。维新帝（被迫退位，无庙号）穿着常朝冠服的照片中，常朝冠之下也露有网巾（图 3-64）。阮景宗穿着大朝服的御容上，大朝冠下同样可以见到网巾（图 3-65）。阮朝大臣的照片上，能看到网巾的同样不少。根据这些影像，可知阮朝君臣确实遵照制度普遍使用网巾。《钦定大南会典事例》还规定，对于科举中举的人须赐予衣冠，其中也包括网巾。《钦定大南会典事例》中还附有网巾的插图一幅，网巾中间宽两头窄，形制略如梭形（图 3-66）。后来《顺化之友》杂志刊出的尊室公大朝服的图式（图 3-67），其中也有网巾，实际上正是取自《钦定大南会典事例》。这种网巾的形制，或许和流入越南的明遗民有关。日本和刻本《万国人物图》中绘有大明和大清人的装束各一叶，其中的大明人一人戴头巾，一人不戴头巾，但二人头上的网巾都描绘得十分真切准确（图 3-68），图中所谓的大明人应该就是当年流落海外的明遗民的形象。比照《万国人物图》上的网巾，阮朝的网巾可以说与其极为接近。除了图像资料，阮朝网巾也有实物留存（图 3-69），网孔粗疏，与文献的记载相符。值得注意的是，阮朝的网巾也并非全民都用，士庶百姓更多的还是头缠帛巾，用布包裹头发（图 3-70），后来还发展出可以直接脱戴的盘头折。照片所见，阮朝后期的皇帝也用盘头折（图 3-71）。

图 3-64　维新帝旧照

图 3-65　阮景宗御容（局部）
越南顺化宫廷文物博物馆藏

图 3-66 网巾 选自《钦定大南会典事例》（西南师范大学出版社，2016）

图 3-67 尊室公大朝服图式（局部）选自《顺化之友》杂志

图 3-68 大明人装束 选自和刻本《万国人物图》（享保五年刊本，日本琉球大学图书馆藏）

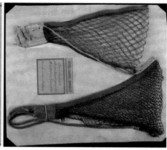

图 3-69 阮朝网巾 法国国立非洲及大洋洲博物馆藏

图 3-70 缠头的阮朝百姓旧照 法国国家图书馆藏

图 3-71 保大帝旧照 法国国家图书馆藏

210

图版目录